电路基础习题册

（第 1 本）

王 辉 张雅兰 李小平 王松林 编

班级_____ 学号_____ 姓名_____

西安电子科技大学出版社

内 容 简 介

本书主要由习题和参考答案两部分组成，涵盖了电路的基本规律、电阻电路分析、动态电路、正弦稳态分析、电路的频率响应和谐振现象、二端口电路等内容。习题类型丰富多样，包括填空题、选择题、计算题及分析设计类题目，旨在全面考查学生对电路分析基础的理解和掌握情况。

本书共分为三本，其中第 2 本和第 3 本后附有相应的期中考试模拟题和期末考试模拟题，以便学生检验对知识的掌握程度。

本书既可作为电子信息类、电气类、自动控制类、计算机类等专业的学生学习"电路分析基础"课程的同步练习用书，又可作为研究生入学考试的复习参考资料。

图书在版编目（CIP）数据

电路基础习题册 / 王辉等编. -- 西安：西安电子科技大学
出版社，2024.8（2025. 7 重印）. -- ISBN 978-7-5606-7415-5

Ⅰ. TM13 - 44

中国国家版本馆 CIP 数据核字第 2024RY6750 号

策　　划　陈　婷
责任编辑　陈　婷
出版发行　西安电子科技大学出版社（西安市太白南路 2 号）
电　　话　(029) 88202421　88201467　　邮　　编　710071
网　　址　www. xduph. com　　　　　　电子邮箱　xdupfxb001@163. com
经　　销　新华书店
印刷单位　陕西日报印务有限公司
版　　次　2024 年 8 月第 1 版　2025 年 7 月第 2 次印刷
开　　本　787 毫米×1092 毫米　1/16　印张　9
字　　数　192 千字
定　　价　25.00 元
ISBN 978-7-5606-7415-5
XDUP 7716001-2

＊＊＊如有印装问题可调换＊＊＊

前　言

　　"电路分析基础"课程是电子信息类、电气类、自动控制类和计算机类等专业的核心基础课程。在相关专业的课程体系中，该课程不仅是对数学、物理学等公共基础课的延伸，也是后续专业课程的基础，在人才培养和课程体系中发挥着承前启后的重要桥梁作用。为了帮助学生更好地掌握电路的基本概念、基本定理和基本分析方法，电路、信号与系统教研中心集结了长期在一线教学的骨干教师，精心编写了本书。本书旨在通过大量的练习题目，使学生深入理解电路的基本规律，掌握电路的基本理论和基本分析方法，为后续课程学习及从事相关领域专业技术工作和科学研究工作奠定坚实的理论基础。

　　为方便学生提交作业，并确保教师拥有充足的批改时间，本书被精心划分为三本。在编写过程中，本书力求突出以下特点：

　　1. 理论与实践紧密结合。本书注重理论知识与实际应用的结合，习题设计从基础题目出发，逐步引导学生将理论知识应用于实际工程系统，旨在培养学生的科学思维和解决实际问题的能力。

　　2. 知识体系完整，题型全面。本书以教学大纲中的核心知识点为依据，注重习题设计的多样性和丰富性，题型包括填空题、选择题、计算题和分析设计类题目。习题由浅入深、由易到难，既巩固了基础知识点，又拓展了综合性内容，对学生进一步巩固知识和深入理解有着极大的价值。此外，每本书后均附有参考答案，可以满足学生自我检测与评估的需求。

　　3. 结构清晰，易于理解。本书在确保理论分析严谨性和内容结构完整性的同时，力求使题目更直观、更易于理解。学生通过练习，能够轻松掌握电路的基本概念、基本定理和基本分析方法。

　　4. 配套使用，效果更佳。本书与王松林等编著的主教材《电路基础(第四版)》(西安电子科技大学出版社出版)及《电路基础(第四版)学习指导书》(西安电子科技大学出版社出版)配套使用，构成完整的学习体系，为学生提供全方位的学习支持。

　　本书在编写过程中得到了电路、信号与系统教研中心各位老师及有关部门领导的悉心指导和大力支持，我们在此表示衷心的感谢。

　　由于编者水平有限，书中难免存在疏漏之处，敬请广大读者批评指正。

编　者

2024 年 5 月

目　录

第1章　电路的基本规律 ··· 1

1.1　电路的基本变量 ··· 1

1.2　基本定律和元件的伏安关系 ··· 4

第2章　电阻电路分析 ··· 6

2.2　网孔法与回路法 ··· 6

2.3　节点法 ··· 8

第3章　动态电路 ·· 12

3.1　动态元件 ·· 12

3.2　电路方程及初始值 ·· 15

第4章　正弦稳态分析 ··· 18

4.1　相量法的基本概念 ·· 18

4.2　电路定律的相量形式及阻抗和导纳 ···································· 22

4.7　耦合电路分析 ·· 24

4.8　理想变压器 ··· 27

第6章　二端口电路 ··· 30

6.1　二端口电路的参数 ·· 30

6.2　二端口电路的计算 ·· 34

电路基础习题册(第1本)参考答案 ··· 38

第 1 章　电路的基本规律

1.1　电路的基本变量

一、填空题

1. 电路 N 如图 1.1.1 所示，电流、电压的参考方向如图所标。

(1) 若 $t = t_1$ 时 $i(t_1) = 1$ A，$u(t_1) = 3$ V，则 $t = t_1$ 时 N 吸收的功率 $P_N(t_1) =$ _____；

(2) 若 $t = t_2$ 时 $i(t_2) = -1$ A，$u(t_2) = 4$ V，则 $t = t_2$ 时 N 产生的功率 $P_N(t_2) =$ _____。

图 1.1.1

2. 如图 1.1.2 所示的一段直流电路 N，电流 I 的参考方向如图所标，电压表内阻对测试电路的影响忽略不计。已知直流电压表的读数为 5 V，N 吸收的功率为 10 W，则电流 $I =$ _____。

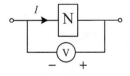

图 1.1.2

3. 如图 1.1.3 所示，若流过某导体横截面 S 的正电荷表达式为 $q(t) = 1 - e^{-4t}$（C），则 $t = 0$ s 时的电流值 $i(0) =$ _____。

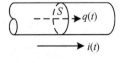

图 1.1.3

4. 各电路如图 1.1.4 所示,则图(a)所示电路中的电压 $u=$ _____,图(b)所示电路中的电阻 $R=$ _____,图(c)所示电路中的电流 $i=$ _____,图(d)所示电路中的电压 $u=$ _____。

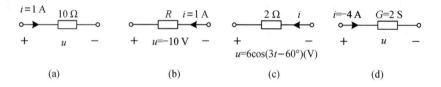

(a)　　　　　(b)　　　　　(c)　　　　　(d)

图 1.1.4

5. 某车间有 12 只"220 V, 60 W"照明灯和 20 把"220 V, 45 W"电烙铁,平均每天使用 8 h,则每月(按 30 天计算)该车间用电为_____。

6. 在如图 1.1.5 所示的电路中,一个 3 A 的理想电流源与不同的外电路相接,则 3 A 电流源在图(a)、(b)、(c)三种情况下提供的功率分别为 _____、_____、_____。

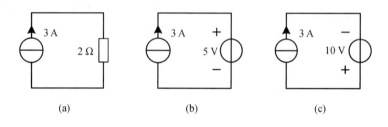

(a)　　　　　(b)　　　　　(c)

图 1.1.5

7. 如图 1.1.6 所示为电路的一条支路,电流、电压的参考方向如图所标。

(1) 若 $i=2$ A,支路产生 -8 W 功率,则 $u=$ _____;

(2) 若 $i=2$ A,支路吸收 -8 W 功率,则 $u=$ _____;

(3) 若 $i=2$ A,$u=5$ V,则支路产生的功率 $P=$ _____;

(4) 若 $u=5$ V,支路吸收 -15 W 功率,则 $i=$ _____。

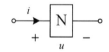

图 1.1.6

二、在如图 1.1.7 所示的直流电路中，各矩形框图泛指二端元件或二端电路。已知 $I_1 = 3$ A，$I_2 = -2$ A，$I_3 = 1$ A，电位 $U_a = 8$ V，$U_b = 6$ V，$U_c = -3$ V，$U_d = -9$ V。

（1）欲验证 I_1、I_2 的数值是否正确，直流电流表应如何接入电路？请标明电流表的极性。

（2）求电压 U_{ac} 和 U_{db}。要测量这两个电压，应如何连接直流电压表？请标明电压表的极性。

（3）求元件 1、3、5 所吸收的功率 P_1、P_3、P_5。

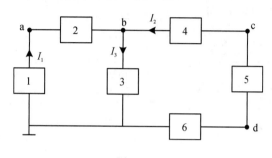

图 1.1.7

1.2 基本定律和元件的伏安关系

一、填空题

1. 各电路如图 1.2.1 所示，则图(a) 所示电路中的电阻 $R=$ _____，图(b) 所示电路中的电流 $I=$ _____，图(c) 所示电路中的电压 $U=$ _____，图(d) 所示电路中 1 A 电流源产生的功率 $P_s=$ _____。

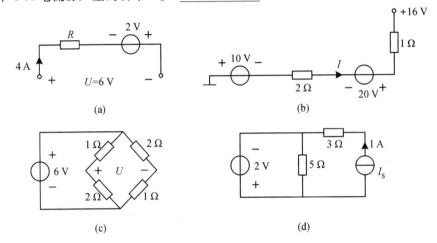

图 1.2.1

2. 如图 1.2.2 所示为某电路中的部分电路，各已知电流及元件值已标示在图中，则电流 $I=$ _____，电压源 $U_s=$ _____，电阻 $R=$ _____。

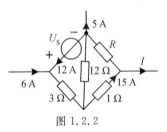

图 1.2.2

3. 各电路如图 1.2.3 所示，则图(a) 所示电路中的 $U_{OC}=$ _____，图(b) 所示电路中的 $U_{OC}=$ _____，图(c) 所示电路中的 $U_{OC}=$ _____。

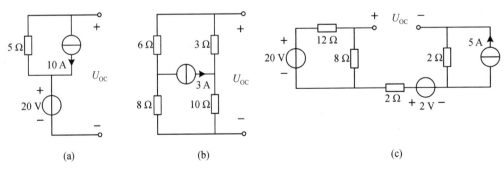

图 1.2.3

4. 各电路如图 1.2.4 所示，则图(a)所示电路中的电流 $I=$ _____ ，图(b)所示电路中的电流 $I=$ _____ ，图(c)所示电路中的电压 $U=$ _____ 。

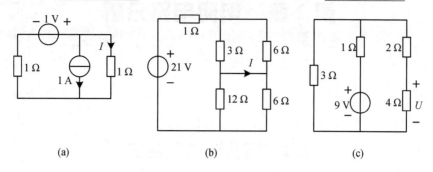

(a)　　　　　　　　(b)　　　　　　　　(c)

图 1.2.4

二、电路如图 1.2.5 所示，已知直流电压表的读数为 30 V，忽略电压表、电流表内阻对测试电路的影响。

（1）电流表的读数为多少？请标明电流表的极性。

（2）电压源 U_s 产生的功率 P_s 为多少？

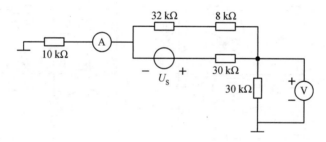

图 1.2.5

第2章 电阻电路分析

2.2 网孔法与回路法

一、填空题

各电路如图 2.2.1 所示，各回路电流如图中所标，则图（a）所示电路中网孔 B 的网孔电流方程为 _____，图（b）所示电路中网孔 1 的网孔电流方程为 _____。

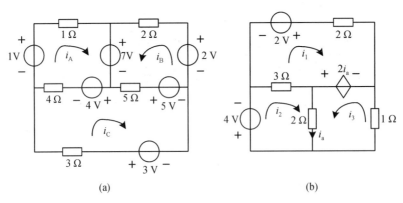

(a)   (b)

图 2.2.1

二、求如图 2.2.2 所示电路中负载电阻 R_L 吸收的功率 P_L。

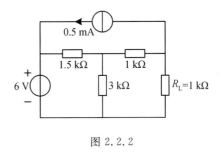

图 2.2.2

三、电路如图 2.2.3 所示，试选一种树，确定基本回路，仅用一个基本回路方程求解电流 i。

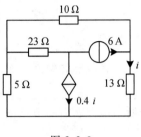

图 2.2.3

四、求如图 2.2.4 所示电路中的电流 i 及电压 u。

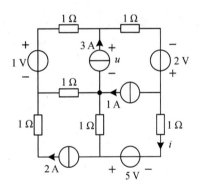

图 2.2.4

2.3 节 点 法

一、填空题

各电路如图 2.3.1 所示,参考点如图中所示,则图(a)中节点 2 的节点电压方程为
_____,图(b)中节点 1 的节点电压方程为_____,图(c)
所示电路所需的节点电压方程为_____。

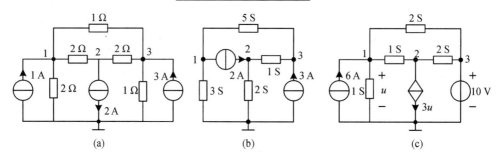

图 2.3.1

二、求如图 2.3.2 所示电路中的电压 u 和电流 i。

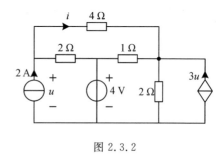

图 2.3.2

三、求如图 2.3.3 所示电路中的电压 U_{ab}。

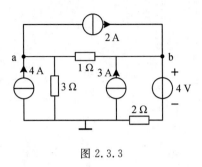

图 2.3.3

四、求如图 2.3.4 所示电路中的电压 u。

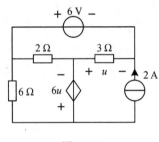

图 2.3.4

五、求如图 2.3.5 所示电路中的电压 u、电流 i 和电压源产生的功率 P_s。

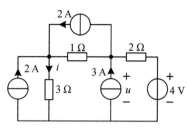

图 2.3.5

六、设有一代数方程组：

$$\begin{cases} 5x_1 - 2x_2 = 2 \\ -2x_1 + 4x_2 = -1 \end{cases}$$

（1）试画出一电阻电路，使其节点电压方程与给定的方程相同。若将给定方程中第二个式子中 x_1 的系数改为 $+2$，电路又是怎样的？

（2）试画出一电阻电路，使其网孔电流方程与给定的方程相同。若将给定方程中第一个式子中 x_2 的系数改为 $+2$，电路又是怎样的？

第3章 动态电路

3.1 动态元件

一、填空题

1. 某电感 $L=0.5$ H，取电流、电压为关联参考方向，已知电流 $i(t)=3(1-e^{-2t})$ (A)，$t \geqslant 0$，则 $t \geqslant 0$ 时的电感电压 $u(t)=$ _____。

2. 某电容 $C=2$ F，取电流、电压为非关联参考方向，已知电压 $u(t)=2(1-e^{-t})$ (V)，$t \geqslant 0$，则 $t \geqslant 0$ 时的电容电流 $i(t)=$ _____。

3. 已知两个电感元件的电感量 $L_1=3$ H 和 $L_2=6$ H，则其串联等效电感为 _____，并联等效电感为 _____。

4. 已知三个电容元件的电容量 $C_1=2$ F，$C_2=3$ F 和 $C_3=6$ F，则其串联等效电容为 _____，并联等效电容为 _____。

二、图 3.1.1(a) 所示电路中的电感 $L=4$ H，已知其初始电流 $i(0)=0$，其电压 u 的波形如图 3.1.1(b) 所示。

(1) 求 $t \geqslant 0$ 时的电感电流 $i(t)$，并画出其波形；

(2) 计算 $t=2$ s 时电感吸收的功率 $P(2)$；

(3) 计算 $t=2$ s 时电感的储能 $W(2)$。

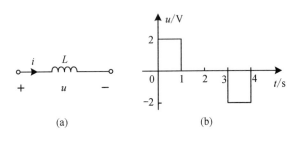

(a)　　　　　　　　　(b)

图 3.1.1

三、图 3.1.2(a) 所示电路中的电容 $C=4$ F，已知其初始电压 $u(0)=0$，其电流 i 的波形如图 3.1.2(b) 所示。

（1）求 $t \geqslant 0$ 时的电容电压 $u(t)$，并画出其波形；

（2）计算 $t=2$ s 时电容吸收的功率 $P(2)$；

（3）计算 $t=2$ s 时电容的储能 $W(2)$。

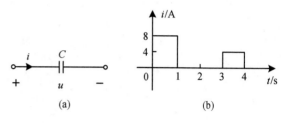

(a)　　　　　　　(b)

图 3.1.2

四、电路如图 3.1.3 所示，已知 $u_C(0) = 2$ V，$i_C(t) = e^{-5t}$ (A)，$t > 0$，求 $t > 0$ 时的电压 $u(t)$。

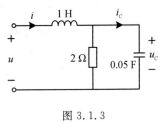

图 3.1.3

3.2　电路方程及初始值

一、填空题

二阶电路如图 3.2.1 所示，则图(a)所示电路中以 $u_C(t)$ 为响应的微分方程为 _____ _____ ，图(b) 所示电路中以 $i_L(t)$ 为响应的微分方程为 _____ _____。

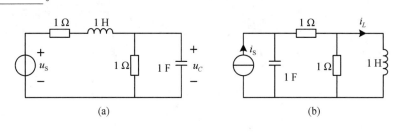

(a)　　　　　　　　　　(b)

图 3.2.1

二、电路如图 3.2.2 所示，$t<0$ 时电路已处于稳态，$t=0$ 时开关 S 打开，求 $i(0_+)$、$u(0_+)$。

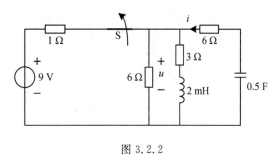

图 3.2.2

三、图 3.2.3 所示为稳态电路，$t=0$ 时开关 S 由 1 切换至 2，求 $i(0_+)$、$u_L(0_+)$ 和 $i_C(0_+)$。

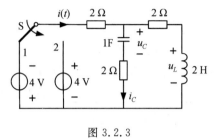

图 3.2.3

四、电路如图 3.2.4 所示，$t<0$ 时电路已处于稳态。$t=0$ 时开关 S 闭合，求初始值 $i(0_+)$ 和 $u(0_+)$。

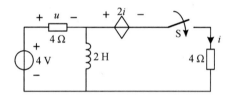

图 3.2.4

五、电路如图 3.2.5 所示，$t<0$ 时电路已处于稳态。$t=0$ 时开关 S 打开，求初始值 $i(0_+)$、$u_L(0_+)$ 和 $u(0_+)$。

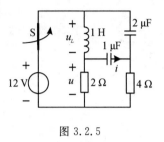

图 3.2.5

第4章 正弦稳态分析

4.1 相量法的基本概念

一、填空题

1. 已知一电压的瞬时表达式为 $u(t) = 3\cos(314t + 45°)$ (V)，则其振幅为_____，频率为_____，初相角为_____。

2. 已知一电流的瞬时表达式为 $i(t) = -8\cos(6280t - 120°)$ (mA)，则其有效值为_____，角频率为_____，初相角为_____。

3. 已知一电压的瞬时表达式为 $u(t) = -15\sin(10\,000t + 90°)$ (V)，则其振幅为_____，角频率为_____，初相角为_____。

4. 已知 $\dot{I}_{m1} = -50e^{-j60°}$ A，则该电流的瞬时表达式 $i(t) =$ _____。

5. 已知 $\dot{I} = -25 + j60$ A，则该电流的瞬时表达式 $i(t) =$ _____。

6. 已知 $\dot{I} = j16$ A，则该电流的瞬时表达式 $i(t) =$ _____。

二、已知某正弦交流电流的最大值为 10 A，角频率为 200π rad/s，当 $t = 2$ ms 时其瞬时值为零，试写出该电流的瞬时表达式 $i(t)$。

三、用相量图求下列各组正弦量的和或差。

(1) 已知 $i_1(t) = 3\cos(\omega t)$ (mA)，$i_2(t) = 4\cos(\omega t - 90°)$ (mA)，求 $i_1(t) + i_2(t)$ 和 $i_1(t) - i_2(t)$；

(2) 已知 $u_1(t) = 10\cos(314t - 120°)$ (V)，$u_2(t) = 10\cos(314t)$ (V)，求 $u_1(t) + u_2(t)$ 和 $u_1(t) - u_2(t)$。

四、已知某正弦交流电流的角频率 $\omega = 100$ rad/s，初相角 $\varphi_i = -60°$，当 $t = 0.02$ s 时其瞬时值为 5.79 A，试写出该电流的瞬时表达式。

五、已知某正弦交流电压的振幅 $U_m = 10$ V，角频率 $\omega = 10^3$ rad/s，初相角 $\varphi_u = 30°$，写出其瞬时表达式，并求电压的有效值 U。

4.2 电路定律的相量形式及阻抗和导纳

一、填空题

1. 电路如图 4.2.1 所示，设电压表的内阻为无穷大，已知电压表 V_1、V_2、V_3 的读数分别为 15 V、80 V、100 V，则电源电压 $u_S(t)$ 的振幅为_____，电源电压的有效值为_____。

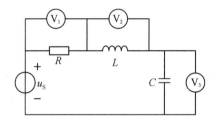

图 4.2.1

2. 电路如图 4.2.2 所示。

图 4.2.2

(1) 若电压和电流分别为 $u(t)=10\cos(10t+50°)$ (V) 和 $i(t)=2\sin(10t+140°)$ (A)，则 N 为_____元件，其参数为_____；

(2) 若电压和电流分别为 $u(t)=10\sin(100t)$ (V) 和 $i(t)=2\cos(100t)$ (A)，则 N 为_____元件，其参数为_____。

(3) 若电压和电流分别为 $u(t)=-10\cos(10t)$ (V) 和 $i(t)=-2\sin(10t)$ (A)，则 N 为_____元件，其参数为_____。

二、电路如图 4.2.3 所示，已知电流相量 $\dot{I}_1=20\angle-36.9°$ A，$\dot{I}_2=10\angle45°$ A，电压相量 $\dot{U}=100\angle0°$ V，试求 R_1、X_L、R_2、X_C 及阻抗 Z_{ab}。

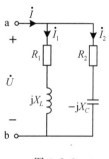

图 4.2.3

三、电路如图 4.2.4 所示，已知 $R=50\ \Omega$，$L=2.5\ \text{mH}$，$C=5\ \mu\text{F}$，电源电压 $\dot{U}=10\angle 0°\ \text{V}$，电源角频率 $\omega=10^4\ \text{rad/s}$，求 $\dot{I}_R$、$\dot{I}_L$、$\dot{I}_C$、$\dot{I}$，并画出其相量图。

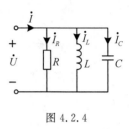

图 4.2.4

四、电路的相量模型如图 4.2.5 所示，已知 $\dot{U}_S=120\angle 0°\ \text{V}$，$\dot{I}_S=10\angle 60°\ \text{A}$，$\dot{I}_L=10\angle -70°\ \text{A}$，$\dot{U}_C=100\angle -35°\ \text{V}$，试求电流 $\dot{I}_1$、$\dot{I}_2$、$\dot{I}_3$。

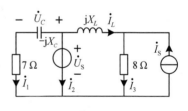

图 4.2.5

4.7 耦合电路分析

一、填空题

1. 电路如图 4.7.1 所示，已知 $\dot{U}_S=6\angle0°$ V，电源角频率 $\omega=2$ rad/s。若将 a、b 端开路，则 $\dot{I}_1=$ _____，$\dot{U}_{ab}=$ _____；若将 a、b 端短路，则 $\dot{I}_1=$ _____，$\dot{I}_{ab}=$ _____。

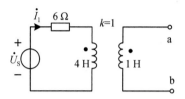

图 4.7.1

2. 电路如图 4.7.2 所示，已知 $X_{L1}=10$ Ω，$X_{L2}=6$ Ω，$X_M=4$ Ω，$X_{L3}=4$ Ω，$R_1=8$ Ω，$R_3=5$ Ω，端电压 $U=100$ V，则 $\dot{I}_1=$ _____，$\dot{I}_3=$ _____，$\dot{U}_{ab}=$ _____。

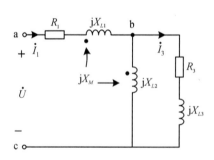

图 4.7.2

二、电路如图 4.7.3 所示，已知 $R_1=10$ Ω，$R_2=2$ Ω，$X_{L1}=30$ Ω，$X_{L2}=8$ Ω，$X_M=10$ Ω，$U_S=100$ V。

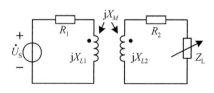

图 4.7.3

(1) 负载 $Z_L=2$ Ω，求 $\dot{I}_1$、$\dot{I}_2$ 和负载 Z_L 吸收的功率 P_L；

(2) 负载 Z_L 为纯电阻，为使其获得最大功率，Z_L 应取何值？求这时负载吸收的功率；

（3）负载 $Z_L = R_L + jX_L$，为使负载获得最大功率，Z_L 应取何值？求此时负载吸收的功率。

三、电路如图 4.7.4 所示，已知 $X_{L1} = X_{L2} = 1\ \Omega$，耦合系数 $k=1$，$X_C = 1\ \Omega$，$R_1 = R_2 = 1\ \Omega$，$\dot{I}_s = 1\angle 0°\ \text{A}$，求 $\dot{U}_2$。

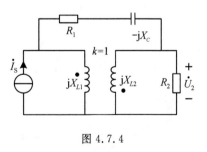

图 4.7.4

四、电路如图 4.7.5 所示，求 R_2 吸收的平均功率。

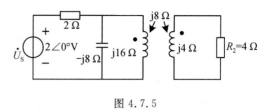

图 4.7.5

4.8 理想变压器

一、填空题

1. 在如图 4.8.1 所示电路中，$Z_{ab} = $ _____，$\dot{I}_1 = $ _____，$\dot{U}_2 = $ _____，R_L 吸收的功率 $P_L = $ _____。

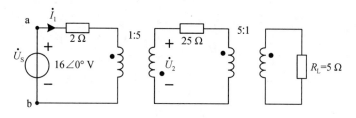

图 4.8.1

2. 电路如图 4.8.2 所示，则负载 R_L 获得最大功率时的匝数比 $n = $ _____，R_L 获得的最大功率 $P_{Lmax} = $ _____。

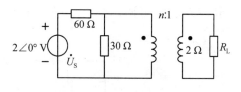

图 4.8.2

3. 电路如图 4.8.3 所示，则负载 R_L 获得最大功率时的匝数比 $n = $ _____，R_L 获得的最大功率 $P_{Lmax} = $ _____。

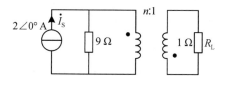

图 4.8.3

二、电路如图 4.8.4 所示。

(1) 求电流 I_1、输入阻抗 Z_{in}、R_L 吸收的功率 P_L；

(2) 如果 a、b 端短路，再求 I_1、Z_{in}、R_L 吸收的功率 P_L。

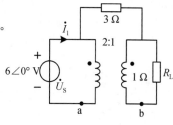

图 4.8.4

三、电路如图 4.8.5 所示，负载 Z_L 可调，求 Z_L 为多少时其可获得最大功率，并求出最大功率 P_{Lmax}。

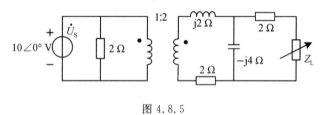

图 4.8.5

四、理想变压器电路如图 4.8.6 所示，已知 $i_S(t) = \sin(2t)$ (A)，试求电压 $u(t)$。

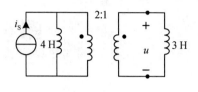

图 4.8.6

第6章 二端口电路

6.1 二端口电路的参数

一、填空题

1. 电路如图 6.1.1 所示，设角频率为 ω，则电路的 Z 参数矩阵为 _____。

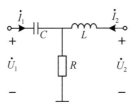

图 6.1.1

2. 电路如图 6.1.2 所示，设角频率为 ω，则电路的 Z 参数矩阵为 _____。

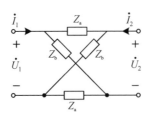

图 6.1.2

3. 电路如图 6.1.3 所示，设角频率为 ω，则电路的 A 参数矩阵为 _____。

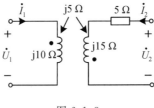

图 6.1.3

4. 电路如图 6.1.4 所示，设角频率为 ω，则电路的 H 参数矩阵为 _____。

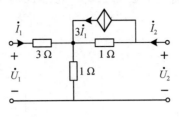

图 6.1.4

二、如图 6.1.5 所示电路可看作由三个简单二端口电路级联组成，求其 A 参数矩阵，并将 A 参数矩阵转换为 Z 参数矩阵和 Y 参数矩阵。

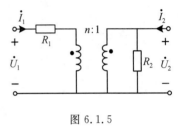

图 6.1.5

三、在如图 6.1.6 所示电路中,已知二端口电路 N 的 Z 参数矩阵 $\boldsymbol{Z} = \begin{bmatrix} 10 & 15 \\ 30 & 10 \end{bmatrix}$ Ω,
$\dot{U}_s = 10\angle 0°$ V,求 R_i 和 $\dot{U}_2$。

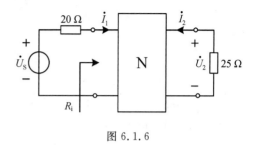

图 6.1.6

　　四、设计一用于直流情况下的最简单的二端口电路 N，如图 6.1.7 所示，已知 $R_L=600\ \Omega$，要求：

（1）端口 1-1′的输入阻抗 $R_i=600\ \Omega$；

（2）输出电压与输入电压之比 $\dfrac{U_{2\text{-}2'}}{U_{1\text{-}1'}}=\dfrac{1}{10}$；

（3）电压 $U_{1-1'}$ 与负载 R_L 对调时二端口电路 N 的性质不变。

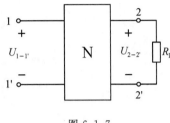

图 6.1.7

6.2 二端口电路的计算

一、图 6.2.1 所示电路 N 的 Y 参数矩阵 $\boldsymbol{Y} = \begin{bmatrix} 0.3 & -0.2 \\ -0.2 & 0.3 \end{bmatrix}$ S，且 $\dot{I}_s = 3\angle 0°$ A，试求 $\dot{U}_C$。

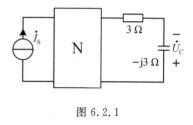

图 6.2.1

二、电路如图 6.2.2 所示，试求其 Z 参数矩阵。

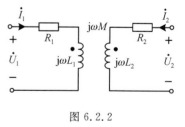

图 6.2.2

三、在如图 6.2.3 所示电路中，已知电路 N 的 Z 参数矩阵为 $\boldsymbol{Z}=\begin{bmatrix} 2 & 1 \\ 1 & 2 \end{bmatrix}$ Ω，电源 $\dot{U}_S=$ $6\angle 0°$ V，$\dot{I}_S=4$ A，求电路 N 吸收的功率 P_N。

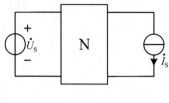

图 6.2.3

四、求如图 6.2.4 所示电路的 Z 参数矩阵和 Y 参数矩阵,并画出其 T 形和 π 形等效电路。

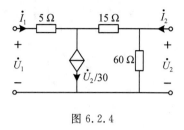

图 6.2.4

五、电路如图 6.2.5 所示,已知对于角频率为 ω 的信号源,电路 N 的 Z 参数矩阵为

$$\mathbf{Z} = \begin{bmatrix} -j16 & -j10 \\ -j10 & -j4 \end{bmatrix} \Omega,$$ 负载电阻 $R_L = 3\ \Omega$,电源内阻 $R_S = 12\ \Omega$,电压 $U_S = 12\ \text{V}$。求:

(1) 策动点函数 Z_{in}、Z_{out},转移函数 K_u、K_i;

(2) 电压 U_1、U_2。

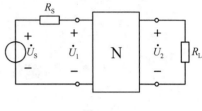

图 6.2.5

电路基础习题册(第1本)参考答案

第1章 电路的基本规律

1.1 电路的基本变量

一、1. (1) 3 W; (2) 4 W。

2. -2 A。

3. 4 A。

4. 10 V, 10 Ω, $-3\cos(3t-60°)$(A), -2 V。

5. 388.8 kW·h

6. 18 W, 15 W, -30 W。

7. (1) 4 V;(2) -4 V;(3) -10 W;(4) -3 A。

二、(1) 略;(2) $U_{ac}=11$ V, $U_{db}=-15$ V,其余略;

(3) $P_1=-24$ W, $P_3=6$ W, $P_5=12$ W。

1.2 基本定律和元件的伏安关系

一、1. 2 Ω, -2 A, 2 V, 1 W。

2. 1 A, 90 V, 1.5 Ω。

3. -30 V, 4 V, 0 V。

4. 0 A, 1 A, 4 V。

二、(1) 电流表的读数为 1 mA,其余略;(2) $P_S=200$ mW。

第2章 电阻电路分析

2.2 网孔法与回路法

一、$7i_B+5i_C=-10$, $\begin{cases}5i_1-3i_2=2+2i_a\\i_a=i_2+i_3\end{cases}$。

二、$P_L = 1$ mW。

三、$i = 2$ A。

四、$i = 3$ A，$u = 1$ V。

2.3　节点法

一、$-0.5u_1 + u_2 - 0.5u_3 = -2$，$8u_1 - 5u_3 = -2$，$\begin{cases} 4u_1 - u_2 - 2u_3 = 6 \\ -u_1 + 3u_2 - 2u_3 = -3u \\ u_3 = 10 \\ u = u_1 \end{cases}$。

二、$u = 16$ V，$i = -4$ A。

三、$U_{ab} = -4/3$ V。

四、$u = 1$ V。

五、$u = 8$ V，$i = 3$ A，$P_S = -8$ W。

六、略。

第3章　动 态 电 路

3.1　动态元件

一、1. $3e^{-2t}$ (V)。

2. $-4e^{-t}$ (A)。

3. 9 H，2 H。

4. 1 F，11 F。

二、(1) $i(t) = \begin{cases} 0.5t \text{ (A)}, & 0 \leqslant t < 1 \\ 0.5 \text{ A}, & 1 \leqslant t < 3 \\ 0.5(4-t) \text{ (A)}, & 3 \leqslant t < 4 \\ 0 \text{ A}, & t < 0 \text{ 或 } t \geqslant 4 \end{cases}$，波形图略；

(2) $P(2) = 0$；

(3) $W(2) = 0.5$ J。

三、(1) $u(t) = \begin{cases} 0, & t < 0 \\ 2t \text{ (V)}, & 0 \leqslant t < 1 \\ 2 \text{ V}, & 1 \leqslant t < 3 \\ (t-1) \text{ (V)}, & 3 \leqslant t < 4 \\ 3 \text{ V}, & t \geqslant 4 \end{cases}$；

(2) $P(2) = 0$；

(3) $W(2) = 8$ J。

四、$u(t) = (6 + e^{-5t})$ (V) $t > 0$。

3.2 电路方程及初始值

一、$u_C'' + 2u_C' + 2u_C = u_s$, $i_L'' + i_L' + 0.5i_L = 0.5i_s$。

二、$i(0_+) = 1.5$ A, $u(0_+) = -3$ V。

三、$i(0_+) = 1$ A, $u_L(0_+) = 4$ V, $i_C(0_+) = 2$ A。

四、$i(0_+) = 0$ A, $u(0_+) = 4$ V。

五、$i(0_+) = 4$ A, $u_L(0_+) = 0$ V, $u(0_+) = 4$ V。

第 4 章　正弦稳态分析

4.1 相量法的基本概念

一、1. 3 V, 50 Hz, $45°$。

2. $4\sqrt{2}$ mA, 6280 rad/s, $60°$。

3. 15 V, 10^4 rad/s, $180°$。

4. $50\cos(\omega t + 120°)$ (A)。

5. $65\sqrt{2}\cos(\omega t + 112.6°)$ (A)。

6. $16\sqrt{2}\cos(\omega t + 90°)$ (A)(或者填$-16\sqrt{2}\sin(\omega t)$ (A)也正确)。

二、$i(t) = 10\cos(200\pi t + 18°)$ (A)。

三、(1)$i_1(t) + i_2(t) = 5\cos(\omega t - 53.1°)$ (mA), $i_1(t) - i_2(t) = 5\cos(\omega t + 53.1°)$ (mA);

(2) $u_1(t) + u_2(t) = 10\cos(314t - 60°)$ (V), $u_1(t) - u_2(t) = 10\sqrt{3}\cos(314t - 150°)$ (V)。

四、$i(t) = 10\cos(100t - 60°)$ (A)。

五、$u(t) = 10\cos(10^3 t + 30°)$ (V), $U = \dfrac{10}{\sqrt{2}} = 5\sqrt{2}$ V。

4.2 电路定律的相量形式及阻抗和导纳

一、1. $25\sqrt{2}$ V, 25 V。

2. (1) 电阻, 5 Ω;

(2) 电容, 0.002 F;

(3) 电感, 0.5 H。

二、$R_1 = 4$ Ω, $X_L = 3$ Ω, $R_2 = 7.07$ Ω, $X_C = 7.07$ Ω, $Z_{ab} = 4.24\angle 12.1°$Ω。

三、$\dot{I}_R = 0.2\angle 0°$A, $\dot{I}_L = 0.4\angle -90°$A, $\dot{I}_C = 0.5\angle 90°$A, $\dot{I} = 0.22\angle 26.6°$A, 相量图略。

四、$\dot{I}_1 = 9.84\angle 56.4°$A, $\dot{I}_2 = 8.95\angle 172°$A, $\dot{I}_3 = 8.45\angle -5°$A。

4.7　耦合电路分析

一、1. $0.6\angle-53.1°$A，$2.4\angle36.9°$ V；$1\angle0°$ A，$2\angle0°$ A。

2. $5\angle-53.1°$ A，$4.47\angle-26.6°$ A，$72.25\angle-4.76°$ V。

二、(1) $\dot{I}_1=4\angle-53.1°$A，$\dot{I}_2=4.47\angle26.6°$A，$P_L=40$ W；

(2) $Z_L=5.83$ Ω，$P_{Lmax}=65.2$ W；

(3) $Z_L=(3-j5)$Ω，$P_{Lmax}=83.3$ W。

三、$\dot{U}_2=0.316\angle161.6°$V。

四、P_2 吸收的平均功率为 0.195 W。

4.8　理想变压器

一、1. 8 Ω，2 A，-60 V，20 W。

2. 3.16，1/180 W。

3. 3，9 W。

二、(1) $I_1=1.5$ A，$Z_{in}=4$ Ω，$P_L=9$ W；

(2) $I_1=2$ A，$Z_{in}=3$ Ω，$P_L=9$ W。

三、$Z_L=6$ Ω，$P_{Lmax}=100/3$ W。

四、$u(t)=3\cos2t$ （V）。

第6章　二端口电路

6.1　二端口电路的参数

一、1. $\mathbf{Z}=\begin{bmatrix} R+\dfrac{1}{j\omega C} & R \\ R & R+j\omega L \end{bmatrix}$ Ω。

2. $\mathbf{Z}=\begin{bmatrix} \dfrac{Z_a+Z_b}{2} & \dfrac{Z_b-Z_a}{2} \\ \dfrac{Z_b-Z_a}{2} & \dfrac{Z_a+Z_b}{2} \end{bmatrix}$ Ω。

3. $\mathbf{A}=\begin{bmatrix} -2 & -(10+j25)\ Ω \\ j0.2S & -3+j \end{bmatrix}$。

4. $\mathbf{H}=\begin{bmatrix} 5\ Ω & 0.5 \\ 1 & 0.5S \end{bmatrix}$。

二、$A = \begin{bmatrix} n + \dfrac{R_1}{nR_2} & \dfrac{R_1}{n} \\[3mm] \dfrac{1}{nR_2} & \dfrac{1}{n} \end{bmatrix}$，$Z = \begin{bmatrix} R_1 + n^2 R_2 & nR_2 \\[2mm] nR_2 & R_2 \end{bmatrix}$，$Y = \begin{bmatrix} \dfrac{1}{R_1} & -\dfrac{n}{R_1} \\[3mm] -\dfrac{n}{R_1} & \dfrac{n^2}{R_1} + \dfrac{1}{R_2} \end{bmatrix}$S。

三、$R_i = -\dfrac{20}{7}$ Ω，$\dot{U}_2 = 12.5\angle 0° $V。

四、

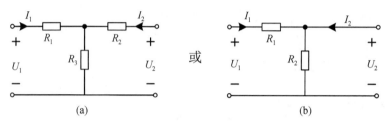

$$\text{(a)} \qquad\qquad\qquad \text{或} \qquad\qquad\qquad \text{(b)}$$

在图(a)中，$R_1 = R_2 = \dfrac{5400}{11}$ Ω，$R_3 = \dfrac{12\,000}{99}$ Ω；在图(b)中，$R_1 = 5400$ Ω，$R_2 = \dfrac{200}{3}$ Ω。

6.2 二端口电路的计算

一、$\dot{U}_C = -1.2 + \text{j}3.6$ V。

二、$Z = \begin{bmatrix} R_1 + \text{j}\omega L_1 & \text{j}\omega M \\[2mm] \text{j}\omega M & R_2 + \text{j}\omega L_2 \end{bmatrix}$。

三、$P_N = 42$ W。

四、$Z = \begin{bmatrix} 30 & 10 \\ 20 & 20 \end{bmatrix}$ Ω，$Y = \begin{bmatrix} 0.05 & -0.025 \\ -0.05 & 0.075 \end{bmatrix}$S，电路图略。

五、(1) $Z_{\text{in}} = 12$ Ω，$Z_{\text{out}} = 3$ Ω，$K_u = 0.5\angle -36.9°$，$K_i = 2\angle 143.1°$；

　　(2) $U_1 = 6$ V，$U_2 = 3$ V。

电路基础习题册

（第 2 本）

王 辉　张雅兰　李小平　王松林　编

班级＿＿＿＿＿＿＿　学号＿＿＿＿＿＿＿　姓名＿＿＿＿＿＿＿

西安电子科技大学出版社

内 容 简 介

本书主要由习题和参考答案两部分组成，涵盖了电路的基本规律、电阻电路分析、动态电路、正弦稳态分析、电路的频率响应和谐振现象、二端口电路等内容。习题类型丰富多样，包括填空题、选择题、计算题及分析设计类题目，旨在全面考查学生对电路分析基础的理解和掌握情况。

本书共分为三本，其中第 2 本和第 3 本后附有相应的期中考试模拟题和期末考试模拟题，以便学生检验对知识的掌握程度。

本书既可作为电子信息类、电气类、自动控制类、计算机类等专业的学生学习"电路分析基础"课程的同步练习用书，又可作为研究生入学考试的复习参考资料。

前　言

　　"电路分析基础"课程是电子信息类、电气类、自动控制类和计算机类等专业的核心基础课程。在相关专业的课程体系中，该课程不仅是对数学、物理学等公共基础课的延伸，也是后续专业课程的基础，在人才培养和课程体系中发挥着承前启后的重要桥梁作用。为了帮助学生更好地掌握电路的基本概念、基本定理和基本分析方法，电路、信号与系统教研中心集结了长期在一线教学的骨干教师，精心编写了本书。本书旨在通过大量的练习题目，使学生深入理解电路的基本规律，掌握电路的基本理论和基本分析方法，为后续课程学习及从事相关领域专业技术工作和科学研究工作奠定坚实的理论基础。

　　为方便学生提交作业，并确保教师拥有充足的批改时间，本书被精心划分为三本。在编写过程中，本书力求突出以下特点：

　　1. 理论与实践紧密结合。本书注重理论知识与实际应用的结合，习题设计从基础题目出发，逐步引导学生将理论知识应用于实际工程系统，旨在培养学生的科学思维和解决实际问题的能力。

　　2. 知识体系完整，题型全面。本书以教学大纲中的核心知识点为依据，注重习题设计的多样性和丰富性，题型包括填空题、选择题、计算题和分析设计类题目。习题由浅入深、由易到难，既巩固了基础知识点，又拓展了综合性内容，对学生进一步巩固知识和深入理解有着极大的价值。此外，每本书后均附有参考答案，可以满足学生自我检测与评估的需求。

　　3. 结构清晰，易于理解。本书在确保理论分析严谨性和内容结构完整性的同时，力求使题目更直观、更易于理解。学生通过练习，能够轻松掌握电路的基本概念、基本定理和基本分析方法。

　　4. 配套使用，效果更佳。本书与王松林等编著的主教材《电路基础（第四版）》（西安电子科技大学出版社出版）及《电路基础（第四版）学习指导书》（西安电子科技大学出版社出版）配套使用，构成完整的学习体系，为学生提供全方位的学习支持。

　　本书在编写过程中得到了电路、信号与系统教研中心各位老师及有关部门领导的悉心指导和大力支持，我们在此表示衷心的感谢。

　　由于编者水平有限，书中难免存在疏漏之处，敬请广大读者批评指正。

编　者
2024 年 5 月

目　录

第1章　电路的基本规律 ··· 1
　1.3　电路的等效(一) ··· 1
　1.4　电路的等效(二) ··· 4

第2章　电阻电路分析 ··· 6
　2.4　叠加定理和置换定理 ··· 6
　2.5　等效电源定理 ··· 9

第3章　动态电路 ·· 12
　3.3　动态电路的响应 ·· 12
　3.4　三要素法 ·· 16

第4章　正弦稳态分析 ·· 18
　4.3　正弦稳态电路的计算 ·· 18
　4.4　正弦稳态电路的功率 ·· 21
　4.9　理想变压器、互感、三相电路综合分析 ···························· 23

第5章　电路的频率响应和谐振现象 ······································ 26
　5.1　网络函数和频率特性 ·· 26

期中考试模拟题 ·· 28

期末考试模拟题(一) ·· 33

电路基础习题册(第2本)参考答案 ······································ 38

第1章 电路的基本规律

1.3 电路的等效(一)

一、填空题

1. 各电路如图 1.3.1 所示,则图(a)中 a、b 端的等效电阻 $R_{ab}=$ _____,图(b)中 a、b 端的等效电阻 $R_{ab}=$ _____,图(c)中 a、b 端的等效电阻 $R_{ab}=$ _____,图(d)中 a、b 端的等效电阻 $R_{ab}=$ _____,图(e)中 a、b 端的等效电阻 $R_{ab}=$ _____,图(f)中 a、b 端的等效电阻 $R_{ab}=$ _____。

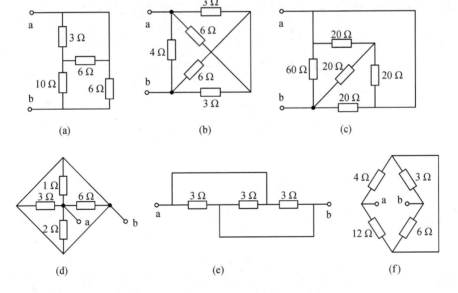

图 1.3.1

2. 各电路如图 1.3.2 所示,则图(a)中 I_S 产生的功率 $P_S=$ _____,图(b)中 U_S 产生的功率 $P_S=$ _____。

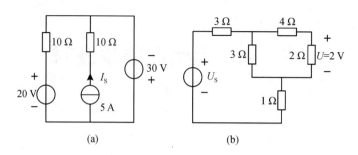

图 1.3.2

3. 电路如图 1.3.3 所示，已知 $I_S = 3$ A，$U_{ab} = 6$ V，且 R_1 与 R_2 消耗的功率之比为 1:2，则 $R_1 = $ _____ ，$R_2 = $ _____ 。

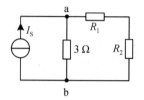

图 1.3.3

二、如图 1.3.4 所示电路为计算加法原理的电路，已知 $U_{S1} = 12$ V，$U_{S2} = 6$ V，$R_1 = 9$ kΩ，$R_2 = 3$ kΩ，$R_3 = 2$ kΩ，$R_4 = 4$ kΩ，求 a、b 两端的开路电压 U_{ab}。

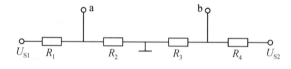

图 1.3.4

三、电路如图 1.3.5 所示。求：

(1) 图(a) 中的电流 I；

(2) 图(b) 中电位 U_a、U_b 及电流源 i_S 产生的功率 P_S。

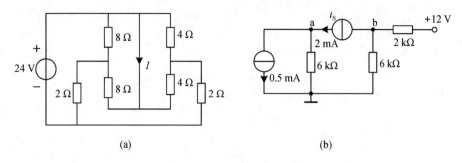

(a)   (b)

图 1.3.5

1.4　电路的等效(二)

一、填空题

1. 电路如图 1.4.1 所示，则当开关 S 打开时电压 $U_{ab}=$ _____，当开关 S 闭合时电流 $I_{ab}=$ _____。

2. 电路如图 1.4.2 所示，则电流 $I=$ _____，电位 $U_a=$ _____，电压源 $U_S=$ _____。

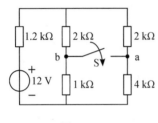

图 1.4.1

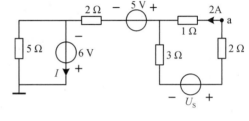

图 1.4.2

3. 电路如图 1.4.3 所示，则电流 $I=0$ 时电阻 $R=$ _____。

4. 电路如图 1.4.4 所示，则 $U_1=14\text{V}$ 时电压源 $U_S=$ _____。

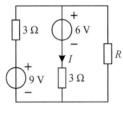

图 1.4.3

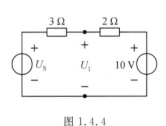

图 1.4.4

5. 各含受控源的电路如图 1.4.5 所示，则图(a)所示电路中的电流 $i=$ _____，图(b)所示电路中的开路电压 $U_{OC}=$ _____，图(c)所示电路中受控源吸收的功率 $P=$ _____。

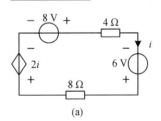

(a)

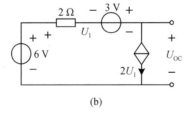

(b)

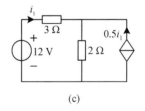

(c)

图 1.4.5

二、电路如图 1.4.6 所示。

（1）R 为何值时 $I_1 = I_2$？

（2）R 为何值时 I_1、I_2 中的一个会变为零？请指出哪一个电流变为零？

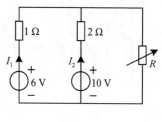

图 1.4.6

三、电路如图 1.4.7 所示，求：

（1）当 a、b 端开路时的电压 u；

（2）当 a、b 端短路时的电流 i。

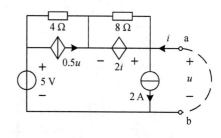

图 1.4.7

第 2 章 电阻电路分析

2.4 叠加定理和置换定理

一、填空题

1. 电路如图 2.4.1 所示,则开路电压 $u =$ _____;如果独立电压源的值增至原值的两倍,独立电流源的值降为原值的一半,其他元件参数不变,则开路电压 u 变为_____。

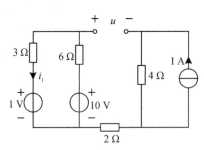

图 2.4.1

2. 电路如图 2.4.2 所示,欲使 $U_{ab} = 0$,则 $R =$ _____。

3. 电路如图 2.4.3 所示,已知 $u_S = 9$ V,$i_S = 6$ A,用叠加定理可求得电流 $i =$ _____。

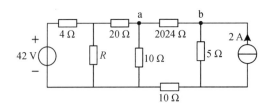

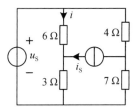

图 2.4.2   图 2.4.3

二、电路如图 2.4.4 所示，N 为不含独立源的线性电路。已知当 $u_S=12$ V，$i_S=4$ A 时，$u=0$ V；当 $u_S=-12$ V，$i_S=-2$ A 时，$u=-1$ V。求当 $u_S=9$ V，$i_S=-1$ A 时的电压 u。

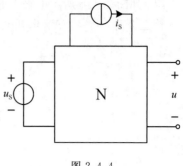

图 2.4.4

三、电路如图 2.4.5 所示，已知 $u_S(t)=6e^{-t}$（V），$i_S(t)=3-6\cos(2t)$（A），求电流 $i(t)$。

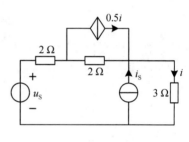

图 2.4.5

四、如图 2.4.6 所示电路中的 N_0 为纯电阻网络，当开关 S 接至 1 时，$I_1 = -4$ A；当开关 S 接至 2 时，$I_1 = 2$ A。求开关接至 3 时的电流 I_1。

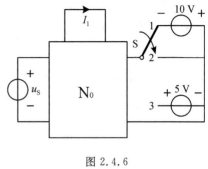

图 2.4.6

2.5　等效电源定理

一、填空题

1. 如图 2.5.1(a) 所示电路的戴维南等效电路如图 2.5.1(b) 所示,则 $u_{OC}=$
_____, $R_0=$_____。

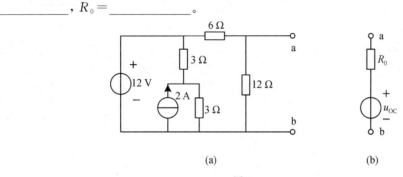

(a)　　　　　　　　(b)

图 2.5.1

2. 在如图 2.5.2 所示电路中,当 $R=12\ \Omega$ 时其上电流为 I,若要求 I 增至原来的 3 倍,而电路中除 R 以外的其他部分均不变,则此时电阻 R 为_____。

3. 如图 2.5.3(a) 所示为线性有源二端电路 N,其伏安关系如图 2.5.3(b) 所示,图 2.5.3(c) 所示为其戴维南等效电路,则 $u_{OC}=$_____, 电阻 $R_0=$_____。

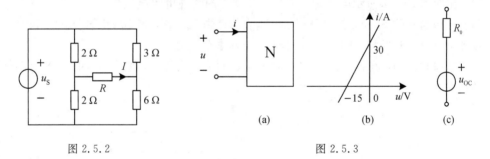

图 2.5.2　　　　　　　　　　　　　　图 2.5.3

4. 电路如图 2.5.4 所示,则其 a、b 端的诺顿等效电路中的 $i_{SC}=$_____, $R_0=$_____。

5. 电路如图 2.5.5 所示,则其 a、b 端的戴维南等效电路中的 $u_{OC}=$_____, $R_0=$_____。

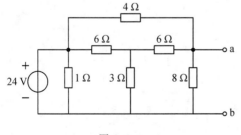

图 2.5.4

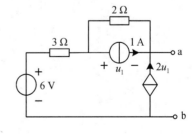

图 2.5.5

二、在如图 2.5.6 所示电路中，N_0 为不含独立源的线性电阻电路。输出电压 $u = 0.5u_S$，若输出端接 5 Ω 电阻，则 $u = \frac{1}{3}u_S$。当输出端接 3 Ω 电阻时，u 与 u_S 的关系如何？

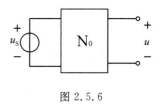

图 2.5.6

三、在如图 2.5.7 所示电路中，N 为含独立源的线性电阻电路。

(1) 已知当开关 S_1、S_2 都打开时，电流表的读数为 2 A；当 S_1 闭合、S_2 打开时，电流表的读数为 3 A。求当 S_1 打开、S_2 闭合时，电流表的读数。

(2) 已知 $U_S = 0$，若 S_1、S_2 都打开时电流表的读数为 1 A，则当 S_1 闭合、S_2 打开时电流表的读数为多少？

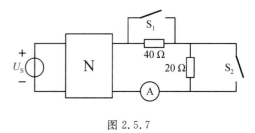

图 2.5.7

四、在如图 2.5.8 所示电路中，N 为含源的线性电阻电路。已知当 $i_S = 2\cos(10t)$ (A)，$R_L = 2\ \Omega$ 时，电流 $i_L = 4\cos(10t) + 2$ (A)；当 $i_S = 4$ A，$R_L = 4\ \Omega$ 时，电流 $i_L = 8$ A。当 $i_S = 5$ A，$R_L = 10\ \Omega$ 时，电流 i_L 为多少？

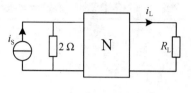

图 2.5.8

第3章 动态电路

3.3 动态电路的响应

一、填空题

1. 电路如图 3.3.1 所示，$t=0$ 时开关 S 闭合，已知 $u_C(0)=1$ V，则 $t \geqslant 0$ 时的电压 $u_C(t)=$ _____。

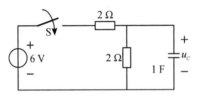

图 3.3.1

2. 电路如图 3.3.2 所示，$t<0$ 时电路已达稳态，$t=0$ 时开关 S 由 1 切换至 2，则 $t \geqslant 0$ 时的电流 $i_L(t)=$ _____。

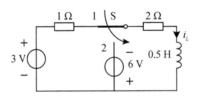

图 3.3.2

二、电路如图 3.3.3 所示，$t<0$ 时电路已达稳态。$t=0$ 时开关 S 由 1 切换至 2，求 $t \geqslant 0$ 时的电压 $u_C(t)$。

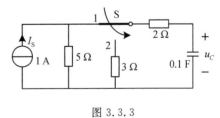

图 3.3.3

三、1. 电路如图 3.3.4 所示，$t=0$ 时开关 S 闭合，闭合前电路已处于稳态，求 $t \geqslant 0$ 时电流 $i_L(t)$ 的零输入响应 $i_{Lzi}(t)$。

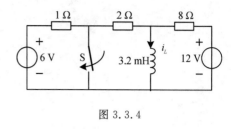

图 3.3.4

四、电路如图 3.3.5 所示，已知 $u_C(0_-)=0$，$t=0$ 时开关 S 闭合，闭合前电路已处于稳态，求 $t \geqslant 0$ 时电流 $i(t)$ 的零状态响应 $i_{zs}(t)$。

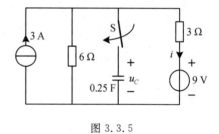

图 3.3.5

五、电路如图 3.3.6 所示，已知电感初始储能为零，$t=0$ 时开关闭合，求换路后的电流 $i_L(t)$ 和 $i_1(t)$。

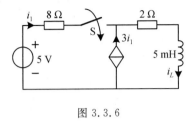

图 3.3.6

六、电路如图 3.3.7 所示，$t=0$ 时开关 S 闭合，闭合前电路已达稳态，求 $t \geqslant 0$ 时 $u_C(t)$ 和 $i_R(t)$ 的零输入响应、零状态响应和全响应。

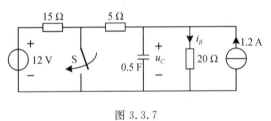

图 3.3.7

七、图 3.3.8 所示电路已处于稳态，$t=0$ 时开关 S 由 1 切换至 2，求 $t \geqslant 0$ 时 $u(t)$ 的零输入响应、零状态响应和全响应。

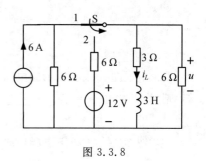

图 3.3.8

3.4 三 要 素 法

一、填空题

1. 对如图 3.4.1 所示的电路，$t<0$ 时电路已处于稳态，若 $t=0$ 时开关 S 由 1 切换至 2，则其初始值 $i(0_+)=$ _____，$u_L(0_+)=$ _____；稳态值 $i(\infty)=$ _____，$u_L(\infty)=$ _____。

2. 如图 3.4.2 所示电路已发生换路，则该电路的时间常数 τ 为 _____。

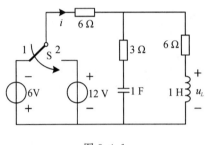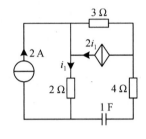

图 3.4.1   图 3.4.2

二、电路如图 3.4.3 所示，$t=0$ 时开关 S 开启，开启前电路已处于稳态。试用三要素法求 $t\geqslant0$ 时电流 $i_L(t)$ 的零输入响应、零状态响应和全响应，指出其稳态响应和暂态响应分量，并画出各响应的波形图。

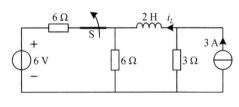

图 3.4.3

三、如图 3.4.4 所示电路已处于稳态，$t=0$ 时开关 S 开启，求 $t \geqslant 0$ 时的电压 $u_1(t)$。

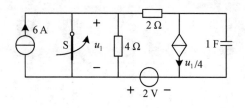

图 3.4.4

四、如图 3.4.5 所示电路已处于稳态，$t=0$ 时开关 S 闭合，求 $t \geqslant 0$ 时的电压 $u(t)$。

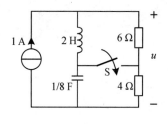

图 3.4.5

第 4 章 正弦稳态分析

4.3 正弦稳态电路的计算

一、填空题

1. 图 4.3.1 所示电路中的电流 $\dot{I} =$ _____。

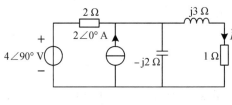

图 4.3.1

2. 图 4.3.2 所示电路中的电压 $\dot{U} =$ _____。

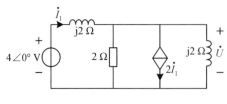

图 4.3.2

3. 电路如图 4.3.3 所示,则 a、b 端的戴维南等效电路和诺顿等效电路中的 $\dot{U}_{OC} =$ _____, $Z_0 =$ _____, $\dot{I}_{SC} =$ _____。

4. 电路图 4.3.4 所示,已知 $X_L = 100\ \Omega$, $X_C = 200\ \Omega$, $R = 150\ \Omega$, $U_C = 100\ \text{V}$,则电压 $U =$ _____,电流 $I =$ _____。

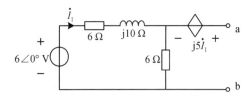

图 4.3.3

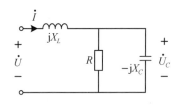

图 4.3.4

二、试用网孔法求如图 4.3.5 所示电路中的电流 $\dot{I}_1$ 和 $\dot{I}_2$。

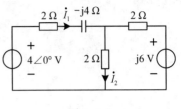

图 4.3.5

三、电路如图 4.3.6 所示，已知 $I_1 = 10$ A，$I_2 = 10\sqrt{2}$ A，$R_2 = 5$ Ω，$U = 220$ V，并且 $\dot{U}$ 与 $\dot{I}$ 同相，求 I、R、X_2、X_C 的值。

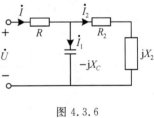

图 4.3.6

四、电路如图 4.3.7 所示，已知 $u_s(t)=10+10\cos t$ (V)，$i_s(t)=5+5\cos(2t)$(A)，求 $u(t)$。

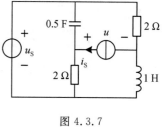

图 4.3.7

4.4 正弦稳态电路的功率

一、填空题

1. 如图 4.4.1 所示电路 N，$u(t)=100\cos(10^3 t+20°)$ (V)，$i(t)=0.1\cos(10^3 t-10°)$ (A)，则阻抗 $Z_{ab}=$ _____，有功功率 $P=$ _____，无功功率 $Q=$ _____，视在功率 $S=$ _____，功率因数 = _____，复功率 $\widetilde{S}=$ _____。

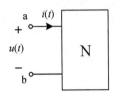

图 4.4.1

2. 电路如图 4.4.2 所示，已知 $U=100$ V，$I=100$ mA，电路吸收功率 $P=6$ W，$X_{L1}=1.25$ kΩ，$X_C=0.75$ kΩ，电路呈电感性，则 $r=$ _____，$X_L=$ _____。

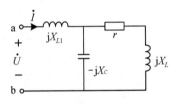

图 4.4.2

二、电路如图 4.4.3 所示，已知 $\dot{U}=20\angle 0°$ V，电路吸收的总功率 $P=34.6$ W，功率因数 $\cos\theta_z=0.866(\theta_z<0)$，$X_C=10$ Ω，$R_1=25$ Ω，求 R_2 和 X_L。

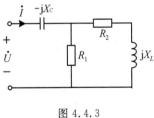

图 4.4.3

三、电路如图 4.4.4 所示，已知 $U=20$ V，电容支路消耗的功率 $P_1=24$ W，功率因数 $\cos\theta_{z_1}=0.6$；电感支路消耗的功率 $P_2=16$ W，功率因数 $\cos\theta_{z_2}=0.8$。求电流 I、电压 U_{ab} 和电路总的复功率、总的平均功率及总的无功功率。

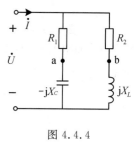

图 4.4.4

4.9　理想变压器、互感、三相电路综合分析

一、填空题

1. 理想变压器电路如图 4.9.1 所示,已知 $i_S(t)=\sin t$(A),$u_S(t)=\cos t$(V),则电压源产生的瞬时功率 $p_{uS}(t)=$＿＿＿＿＿＿,电流源产生的瞬时功率 $p_{iS}(t)=$＿＿＿＿＿＿。

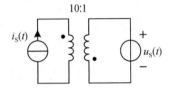

图 4.9.1

2. 电路如图 4.9.2 所示,则 a、b 端的等效电阻 $R_{ab}=$＿＿＿＿＿＿。

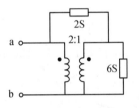

图 4.9.2

二、已知对称三相电路的线电压 $U_l=380$ V。

(1) 负载为 Y 形连接,负载 $Z=10+j15$ Ω,求相电压和负载吸收的功率;

(2) 负载为△形连接,负载 $Z=15+j20$ Ω,求线电流和负载吸收的功率。

三、如图 4.9.3 所示为稳态电路，$t=0$ 时开关 S 打开，求 $t \geqslant 0$ 时的 $u_2(t)$。

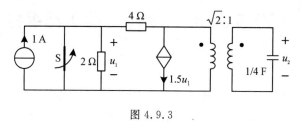

图 4.9.3

四、如图 4.9.4 所示为稳态电路，已知 $u_S(t)=12\cos(2t)$ (V)，$t=0$ 时开关 S 闭合，求 $t \geqslant 0$ 时的 $u_C(t)$。

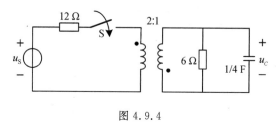

图 4.9.4

五、如图 4.9.5 所示为稳态电路，已知 $u_S(t)=10\cos(5t)$ (V)，$t=0$ 时开关 S 闭合，求 $t\geqslant0$ 时的开路电压 $u(t)$。

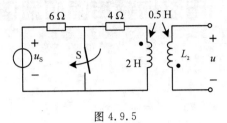

图 4.9.5

第5章 电路的频率响应和谐振现象

5.1 网络函数和频率特性

一、填空题

1. 用"×/√"或"无/有"完成表5.1.1。

表 5.1.1 网 络 特 性

网络	特 性					
	低通	高通	带通	带阻	全通	Q 值
一阶网络						
二阶网络						

2. 图 5.1.1 所示电路的转移阻抗 $Z_T = \dfrac{\dot{U}_2}{\dot{I}_1} =$ _____，转移导纳 $Y_T = \dfrac{\dot{I}_2}{\dot{U}_1} =$

_____，转移电压比 $K_U = \dfrac{\dot{U}_2}{\dot{U}_1} =$ _____。

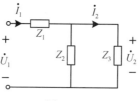

图 5.1.1

二、(1) 求如图 5.1.2 所示各电路的电压转移函数，判断它们是低通网络还是高通网络，并写出其截止角频率；

(2) 画出图 5.1.2(a) 所示电路的幅频特性和相频特性曲线。

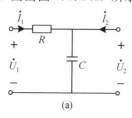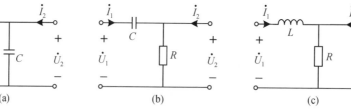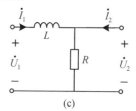

(a)   (b)   (c)

图 5.1.2

三、电路如图 5.1.3 所示，它有一个输入电压 $\dot{U}_S$ 和两个输出电压 $\dot{U}_{o1}$、$\dot{U}_{o2}$。

(1) 为使输入阻抗 $Z_{in}(j\omega) = \dfrac{\dot{U}_S}{\dot{I}}$ 与输入电压 $\dot{U}_S$ 的角频率 ω 无关，应满足什么条件？求这时的输入阻抗；

(2) 在满足 (1) 的条件下，求电压比 $\dot{U}_{o1}/\dot{U}_S$、$\dot{U}_{o2}/\dot{U}_S$；

(3) 若 $R_S = R = 1\ \text{k}\Omega$，$L = 0.1\ \text{H}$，$C = 0.1\ \mu\text{F}$，$u_S(t) = 10\cos(2 \times 10^3 t) + 10\cos(50 \times 10^3 t)$ (V)，求输出电压的瞬时值 $u_{o1}(t)$ 和 $u_{o2}(t)$。

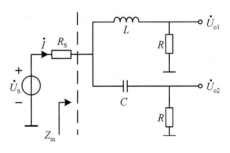

图 5.1.3

期中考试模拟题

一、填空题(共7小题,每空3分,共33分)

1. 如题1图所示电路中,电流 $I=$ _____。

2. 如题2图所示电路中,电压 $U=$ _____,受控源产生的功率 $P=$ _____。

3. 在如题3图所示电路中,电阻 $R=$ _____。

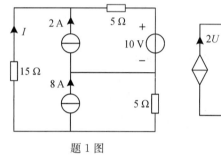

题1图

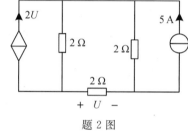

题2图

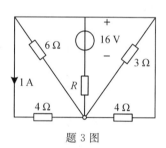

题3图

4. 电路如题4图所示,则电感 $L_{ab}=$ _____。

5. 电路如题5图所示,则电容 $C_{ab}=$ _____。

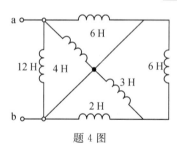

题4图

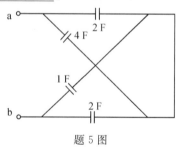

题5图

6. 电路如题6图所示,则在其戴维南等效电路中,$U_{OC}=$ _____,电阻 $R_0=$ _____。

7. 电路如题7图所示,$t<0$ 时电路处于稳态,$t=0$ 时开关S闭合,则 $u_C(0_+)=$ _____,$i(0_+)=$ _____,$u_C(\infty)=$ _____。

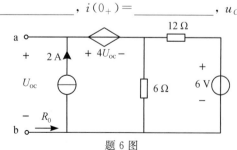

题6图

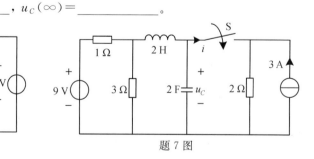

题7图

二、计算题(共 7 小题，共 67 分。请将简明解题步骤写在题后空白处，并注明题号，只有答案得 0 分，非通用符号注明含义。)

8.(10 分)电路如题 8 图所示，

(1) 列写电路的网孔电流方程(网孔电流为 I_1、I_2、I_3)；

(2) 列写电路的节点电位方程(设节点的电位分别为 U_1、U_2、U_3)。

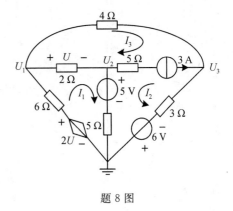

题 8 图

9.(7 分)电路如题 9 图所示，已知电容上的电压 $u_C(t)=4+2e^{-3t}$(V)，$t\geqslant 0$，求 $t\geqslant 0$ 时的 $u(t)$ 及电感上的储能 $W_L(0)$。

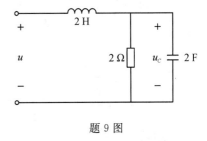

题 9 图

10. (10 分)电路如题 10 图所示,求电路中网络 N 产生的功率。

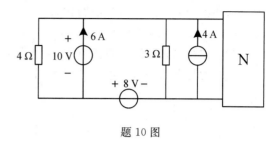

题 10 图

11. (10 分)电路如题 11 图所示,求电压 u。

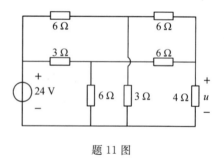

题 11 图

12. (10 分)电路如题 12 图所示，R_L 为何值时负载吸收的功率最大? 此最大功率 P_{Lmax} 为多少?

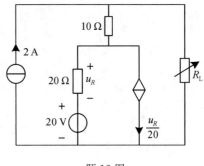

题 12 图

13. (10 分)电路如题 13 图所示，$t<0$ 时电路已达稳态，$t=0$ 时开关 S 闭合，求 $t\geqslant0$ 时的电流 $i(t)$。

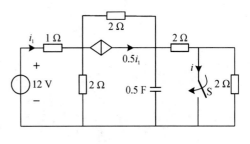

题 13 图

14. (10分)电路如题14图所示，$R_5 = 4$ Ω，$R_6 = 2$ Ω。当10V电压源单独作用时，$I = 2$ A，$U = 2$ V，求电压源和电流源同时作用时的电流 I。

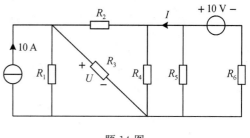

题14图

期末考试模拟题（一）

一、单项选择题（共 10 小题，每小题 3 分，共 30 分。在每小题的四个备选答案中选出一个正确的答案，将其字母写在表格对应序号的下面。）

1	2	3	4	5	6	7	8	9	10

1. 基尔霍夫定律的适用范围是（　　）。

A. 集中参数电路　　　B. 线性非时变电路　　　C. 分布参数电路　　　D. 任意电路

2. 在如题 2 图所示电路中，电流 I 等于（　　）。

A. 0 A　　　　　　　B. -1 A　　　　　　C. 0.5 A　　　　　　D. 1.5 A

3. 在如题 3 图所示电路中，电压 U 等于（　　）。

A. 2 V　　　　　　　B. -2 V　　　　　　C. 4 V　　　　　　D. -4 V

4. 在如题 4 图所示电路中，已知 $I=0$ A，则电流 I_S 产生的功率 P_S 等于（　　）。

A. -4 W　　　　　　B. 4 W　　　　　　　C. 2 W　　　　　　D. -2 W

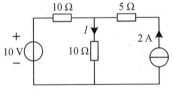

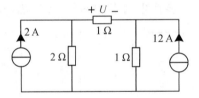

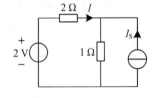

题 2 图　　　　　　　　　　　　题 3 图　　　　　　　　　　　　题 4 图

5. 电路如题 5 图所示，为使 R_L 获得最大功率，则 R_L 等于（　　）。

A. 2 Ω　　　　　　　B. 3 Ω　　　　　　　C. 6 Ω　　　　　　D. 12 Ω

6. 电路如题 6 图所示，$t<0$ 时开关 S 打开，电路已处于稳态；$t=0$ 时开关 S 闭合，则 $u_L(0_+)$ 等于（　　）。

A. 6 V　　　　　　　B. -6 V　　　　　　C. 3 V　　　　　　D. 0 V

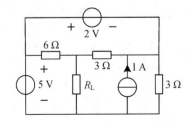

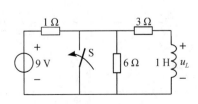

题 5 图　　　　　　　　　　　　　题 6 图

7. 电路如题 7 图所示,已知 $u_s(t)=18\sqrt{2}\cos(100t)$ (V),则 R_L 上消耗的平均功率 P 等于(　　)。

A. 9 W 　　　　　 B. $\dfrac{9}{4}$ W 　　　　　 C. 2 W 　　　　　 D. 1 W

8. 如题 8 图所示电路的谐振角频率 ω_0 等于(　　)。

A. $\dfrac{1}{\sqrt{LC}}$ (rad/s) 　 B. $\dfrac{1}{\sqrt{2LC}}$ (rad/s) 　 C. $\dfrac{1}{\sqrt{3LC}}$ (rad/s) 　 D. $\dfrac{3}{\sqrt{LC}}$ (rad/s)

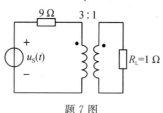 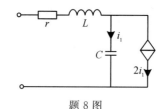

题 7 图 　　　　　　　　　　　　　　　 题 8 图

9. 在如题 9 图所示正弦稳态电路中,当开关 S 闭合和断开时,电压表与电流表的读数保持不变,则 X_C 和 X_L 的关系满足(　　)。

A. $X_C=2X_L$ 　　　　 B. $X_C=X_L$ 　　　　 C. $X_C=0.5X_L$ 　　　　 D. 无法确定

10. 电路如题 10 图所示,若 R、I_S、U_S 均大于 0,则电路的功率情况为(　　)。

A. 电阻吸收功率,电压源和电流源产生功率

B. 电阻和电压源吸收功率,电流源产生功率

C. 电阻和电流源吸收功率,电压源产生功率

D. 电阻吸收功率,电流源产生功率,电压源无法确定

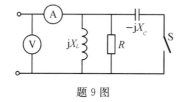 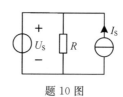

题 9 图 　　　　　　　　　　　　　　　 题 10 图

二、填空题(共 5 小题,每小题 4 分,共 20 分)

11. 电路如题 11 图所示,则 a、b 端的等效电阻 $R_{ab}=$ _____。

12. 如题 12 图所示二端口电路的 Z 参数矩阵 _____。

13. 正弦稳态电路如题 13 图所示,已知 $u(t)=7\cos(2t)$ (V),$i(t)=\sqrt{2}\cos(2t-45°)$ (A),则 $R=$ _____,$L=$ _____。

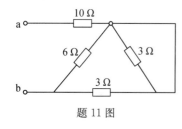 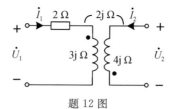 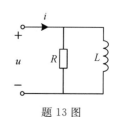

题 11 图 　　　　　　　　 题 12 图 　　　　　　　　 题 13 图

14．电路如题 14 图所示，设节点 a、b、c 的电位分别为 u_a、u_b、u_c，则节点 c 的节点电位方程为 _____。

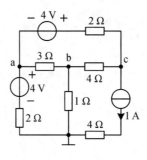

题 14 图

15．电路如题 15 图所示，则 $U=$ _____ 。

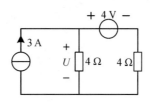

题 15 图

三、计算题(共 5 小题，每小题 10 分，共 50 分。请将简明解题步骤写在题后空白处，并注明题号，只有答案得 0 分，非通用符号注明含义。)

16．(10 分)电路如题 16 图所示，求电流 I 的值。

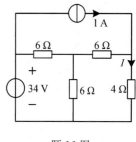

题 16 图

17. (10分)电路如题17图所示，$t<0$ 时开关 S 打开，电路已处于稳态；$t=0$ 时开关 S 闭合，求 $t\geq0$ 时的电压 $u(t)$，并画出其波形。

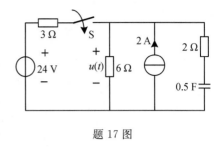

题 17 图

18. (10分)电路如题18图所示，已知当开关 S 打开时，$U_{ab}=2.5$ V；当开关 S 闭合时，电流 $I_{ab}=3$ A，求电路 N 的戴维南等效电路。

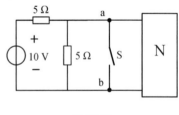

题 18 图

19. （10 分)正弦稳态电路如题 19 图所示，已知 $\dot{I}_s=2\angle0°\text{A}$，负载 Z_L 可变，负载 Z_L 为何值时其能获得最大功率？最大功率 P_{Lmax} 是多少？

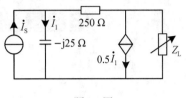

题 19 图

20. （10 分)正弦稳态电路如题 20 图所示，已知 $\dot{U}_S=10\sqrt{2}\angle0°$ V 是频率可变的正弦交流电源。

（1）当电源角频率 $\omega=20$ rad/s 时，电流的有效值 I 为多少？

（2）当电源角频率 ω 为多少时，电流的有效值 I 为零？

（3）当电源角频率 ω 为多少时，电流的有效值 I 为最大？最大值为多少？

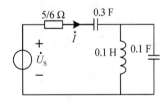

题 20 图

电路基础习题册(第2本)参考答案

第1章 电路的基本规律

1.3 电路的等效(一)

一、1. $4\,\Omega$,$2\,\Omega$,$10\,\Omega$,$0.5\,\Omega$,$1\,\Omega$,$5\,\Omega$。

    2. $100\,W$,$54\,W$。

    3. $2\,\Omega$,$4\,\Omega$。

二、$U_{ab}=1\,V$。

三、(1) $I=5\,A$;(2) $U_a=9\,V$,$U_b=6\,V$,$P_S=6\,mW$。

1.4 电路的等效(二)

一、1. $2.5\,V$,$1.2\,mA$。

    2. $1.2\,A$,$1\,V$,$12\,V$。

    3. $6\,\Omega$。

    4. $20\,V$。

    5. $1\,A$,$5\,V$,$-6\,W$。

二、(1) $R=0.25\,\Omega$ 时,$I_1=I_2$;(2) $R=3\,\Omega$ 时,$I_1=0$。

三、(1) $u=3\,V$;(2) $i=0.5\,A$。

第2章 电阻电路分析

2.4 叠加定理和置换定理

一、1. $0\,V$,$6\,V$。

    2. $15\,\Omega$。

    3. $-1\,A$。

二、$u=2\,V$。

三、$i(t)=e^{-t}+2-4\cos(2t)$ (V)。

四、$I_1 = 5$ A。

2.5　等效电源定理

一、1. 8 V，4 Ω。

　　2. 2 Ω。

　　3. -15 V，0.5 Ω。

　　4. 7 A，2 Ω。

　　5. 4 V，1 Ω。

二、$u = \dfrac{3}{11} u_S$。

三、(1) 2.4 A；(2) 1.5 A。

四、$i_L = 6$ A。

第 3 章　动 态 电 路

3.3　动态电路的响应

一、1. $3 - 2\,e^{-t}$(V)。

　　2. $(4\,e^{-4t} - 3)$(A)。

二、$u_C(t) = 5\,e^{-2t}$(V) $t \geqslant 0$。

三、$i_{Lzi}(t) = 3.5\,e^{-500t}$(A) $t \geqslant 0$。

四、$i_{zs}(t) = (1 - 4\,e^{-2t})$(A) $t \geqslant 0$。

五、$i_L(t) = 1.25(1 - e^{-800t})$(A) $t \geqslant 0$，$i_1(t) = \dfrac{16}{5}(1 - e^{-800t})$(A) $t \geqslant 0$。

六、$u_C(t)$的零输入响应、零状态响应和全响应分别为 $18\,e^{-0.5t}$(V) $t \geqslant 0$、$4.8(1 - e^{-0.5t})$(V) $t \geqslant 0$ 和$(4.8 + 13.2\,e^{-0.5t})$(V) $t \geqslant 0$，$i_R(t)$的零输入响应、零状态响应和全响应分别为 $0.9\,e^{-0.5t}$(A) $t \geqslant 0$、$0.24(1 - e^{-0.5t})$(A) $t \geqslant 0$ 和$(0.24 + 0.66\,e^{-0.5t})$(A)$t \geqslant 0$。

七、$u(t)$的零输入响应、零状态响应和全响应分别为$-9\,e^{-2t}$(V) $t \geqslant 0$、$3 + 3\,e^{-2t}$(V) $t \geqslant 0$ 和 $3 - 6\,e^{-2t}$(V) $t \geqslant 0$。

3.4　三要素法

一、1. 1.5 A，6 V；1 A，0 V。

　　2. 3 s。

二、$i_L(t)$的零输入响应、零状态响应和全响应分别为 $e^{-4.5t}$(A)、$(1 - e^{-4.5t})$(A)和 1 A，稳态响应为 1 A，暂态响应为 0，波形图略。

三、$u_1(t) = (12 - 4e^{-t/3})$(V) $t \geqslant 0$。

四、$u(t) = 4 + 6\,e^{-2t} + 6\,e^{-3t}$(V) $t \geqslant 0$。

第4章 正弦稳态分析

4.3 正弦稳态电路的计算

一、1. $1-j1$ A。

2. $j4$ V。

3. 3 V，3 Ω，1 A。

4. 83.8 V，0.833 A。

二、$\dot{I}_1=1\angle16.26°$A，$\dot{I}_2=1.7\angle73.69°$A。

三、$I=10$ A，$R=12$ Ω，$X_2=5$ Ω，$X_C=10$ Ω。

四、$u(t)=10+3.16\cos(t+18.4°)+7.07\cos(2t+8.13°)$ (V)。

4.4 正弦稳态电路的功率

一、1. $1000\angle30°$Ω，4.33 W，2.5 var，5 V·A，0.866，$4.33+j2.5$ V·A。

2. 750 Ω，375 Ω。

二、$R_2=10$ Ω，$X_L=10.7$ Ω。

三、$I=2.24$ A，$U_{ab}=20$ V，$\tilde{S}=40-j20$ V·A，$P=40$ W，$Q=-20$ var。

4.9 理想变压器、互感、三相电路综合分析

一、1. $10\sin t\cos t$ (W)，$-10\sin t\cos t$ (W)。

2. 0.5 Ω。

二、(1) $U_p=220$ V，$P_L=4.45$ kW；

(2) $I_1=26.33$ A，$P_L=10.4$ kW。

三、$u_2(t)=-\dfrac{5\sqrt{2}}{4}\left(1-e^{-\frac{16}{3}t}\right)$ (V) $t\geq0$。

四、$u_C(t)=2e^{-2t}+2\sqrt{2}\cos(2t+135°)$ (V) $t\geq0$。

五、$u(t)=0.5e^{-2t}$ (V) ($t\geq0$)。

第5章 电路的频率响应和谐振现象

5.1 网络函数和频率特性

一、1. 第一行：√ √ × × √ 无，第二行：√ √ √ √ √ 有。

2. $\dfrac{Z_2 Z_3}{Z_2 + Z_3}$，$\dfrac{Z_2}{Z_1 Z_2 + Z_2 Z_3 + Z_1 Z_3}$，$\dfrac{Z_2 Z_3}{Z_1 Z_2 + Z_2 Z_3 + Z_1 Z_3}$。

二、(1) 对于图(a)，$H(\mathrm{j}\omega) = \dfrac{1}{1 + \mathrm{j}\omega RC}$，低通，$\omega_\mathrm{c} = \dfrac{1}{RC}$，

对于图(b)，$H(\mathrm{j}\omega) = \dfrac{\mathrm{j}\omega RC}{1 + \mathrm{j}\omega RC}$，高通，$\omega_\mathrm{c} = \dfrac{1}{RC}$，

对于图(c)，$H(\mathrm{j}\omega) = \dfrac{1}{1 + \mathrm{j}\dfrac{\omega L}{R}}$，低通，$\omega_\mathrm{c} = \dfrac{R}{L}$；

(2) 略。

三、(1) 应满足 $\dfrac{L}{C} = R^2$，$Z_\mathrm{in} = R$；

(2) $\dfrac{\dot{U}_{\mathrm{o}1}}{\dot{U}_\mathrm{S}} = \dfrac{R}{R_\mathrm{S} + R} \cdot \dfrac{R/L}{\mathrm{j}\omega + R/L}$，$\dfrac{\dot{U}_{\mathrm{o}2}}{\dot{U}_\mathrm{S}} = \dfrac{R}{R_\mathrm{S} + R} \cdot \dfrac{\mathrm{j}\omega}{\mathrm{j}\omega + \dfrac{1}{RC}}$；

(3) $u_{\mathrm{o}1}(t) = 4.9\cos(2\times10^3 t - 11.3°) + 0.98\cos(50\times10^3 t - 78.7°)$ (V)，

$u_{\mathrm{o}2}(t) = 0.98\cos(2\times10^3 t - 78.7°) + 4.9\cos(50\times10^3 t + 11.3°)$ (V)。

期中考试模拟题

一、1. -2.4 A。

2. $10/7$ V，$600/49$ W。

3. 3 Ω。

4. 2 H。

5. 2 F。

6. $-10/3$ V，$-4/3$ Ω。

7. $27/4$ V，$3/8$ A，$72/11$ V。

二、8. (1) $\begin{cases} 13I_1 + 5I_2 - 2I_3 = 2U - 5 \\ 5I_1 + 13I_2 + 5I_3 = -U_4 - 11 \\ -2I_1 + 5I_2 + 11I_3 = -U_4 \\ I_3 + I_2 = -3 \\ 2(I_1 - I_3) = U \end{cases}$；

(2) $\begin{cases} \dfrac{11}{12}U_1 - \dfrac{1}{2}U_2 - \dfrac{1}{4}U_3 = \dfrac{U}{3} \\ -\dfrac{1}{2}U_1 + \dfrac{7}{10}U_2 = -4 \\ -\dfrac{1}{4}U_1 + \dfrac{7}{12}U_3 = 1 \\ U_1 - U_2 = U \end{cases}$。

9. $u(t)=4+68e^{-3t}(V)t\geqslant0$，$W_L(0)=121$ J。

10. $P_N=-27$ W。

11. $u=6$ V。

12. $R_L=20$ Ω，$P_{Lmax}=45$ W。

13. $i(t)=3+e^{-2t}(A)t\geqslant0$。

14. $I=-1$ A。

期末考试模拟题(一)

一、1. A 2. D 3. B 4. B 5. A 6. B 7. A 8. C 9. C 10. D。

二、11. 12 Ω。

12. $\begin{bmatrix} -2+3j & -2j \\ -2j & 4j \end{bmatrix}$ Ω。

13. 7 Ω，3.5 H。

14. $-0.5u_a-0.25u_b+0.75u_c=1$。

15. 8 V。

三、16. $I=2$ A。

17. $u(t)=20-4e^{-0.5t}(V)t\geqslant0$，波形图略。

18. $U_{OC}=1.25$V，$R_0=1.25$ Ω。

19. $Z_L=\dfrac{50}{3}(10+j)$ Ω，$P_{Lmax}=\dfrac{130}{3}$ W。

20. (1) $I=12$ A；(2) $\omega=10$ rad/s；(3) $\omega=5$ rad/s 时，$I=12\sqrt{2}$ A。

电路基础习题册

（第 3 本）

王 辉　张雅兰　李小平　王松林　编

班级＿＿＿＿＿＿学号＿＿＿＿＿＿姓名＿＿＿＿＿＿

西安电子科技大学出版社

内 容 简 介

本书主要由习题和参考答案两部分组成，涵盖了电路的基本规律、电阻电路分析、动态电路、正弦稳态分析、电路的频率响应和谐振现象、二端口电路等内容。习题类型丰富多样，包括填空题、选择题、计算题及分析设计类题目，旨在全面考查学生对电路分析基础的理解和掌握情况。

本书共分为三本，其中第2本和第3本后附有相应的期中考试模拟题和期末考试模拟题，以便学生检验对知识的掌握程度。

本书既可作为电子信息类、电气类、自动控制类、计算机类等专业的学生学习"电路分析基础"课程的同步练习用书，又可作为研究生入学考试的复习参考资料。

前 言

      "电路分析基础"课程是电子信息类、电气类、自动控制类和计算机类等专业的核心基础课程。在相关专业的课程体系中，该课程不仅是对数学、物理学等公共基础课的延伸，也是后续专业课程的基础，在人才培养和课程体系中发挥着承前启后的重要桥梁作用。为了帮助学生更好地掌握电路的基本概念、基本定理和基本分析方法，电路、信号与系统教研中心集结了长期在一线教学的骨干教师，精心编写了本书。本书旨在通过大量的练习题目，使学生深入理解电路的基本规律，掌握电路的基本理论和基本分析方法，为后续课程学习及从事相关领域专业技术工作和科学研究工作奠定坚实的理论基础。

      为方便学生提交作业，并确保教师拥有充足的批改时间，本书被精心划分为三本。在编写过程中，本书力求突出以下特点：

      1. 理论与实践紧密结合。本书注重理论知识与实际应用的结合，习题设计从基础题目出发，逐步引导学生将理论知识应用于实际工程系统，旨在培养学生的科学思维和解决实际问题的能力。

      2. 知识体系完整，题型全面。本书以教学大纲中的核心知识点为依据，注重习题设计的多样性和丰富性，题型包括填空题、选择题、计算题和分析设计类题目。习题由浅入深、由易到难，既巩固了基础知识点，又拓展了综合性内容，对学生进一步巩固知识和深入理解有着极大的价值。此外，每本书后均附有参考答案，可以满足学生自我检测与评估的需求。

      3. 结构清晰，易于理解。本书在确保理论分析严谨性和内容结构完整性的同时，力求使题目更直观、更易于理解。学生通过练习，能够轻松掌握电路的基本概念、基本定理和基本分析方法。

      4. 配套使用，效果更佳。本书与王松林等编著的主教材《电路基础(第四版)》(西安电子科技大学出版社出版)及《电路基础(第四版)学习指导书》(西安电子科技大学出版社出版)配套使用，构成完整的学习体系，为学生提供全方位的学习支持。

      本书在编写过程中得到了电路、信号与系统教研中心各位老师及有关部门领导的悉心指导和大力支持，我们在此表示衷心的感谢。

      由于编者水平有限，书中难免存在疏漏之处，敬请广大读者批评指正。

编 者

2024 年 5 月

目 录

第1章 电路的基本规律 ………………………………………………… 1

1.5 综合计算 …………………………………………………………… 1

第2章 电阻电路分析 ………………………………………………… 6

2.1 支路法 ……………………………………………………………… 6

2.6 最大功率传输 ……………………………………………………… 8

2.7 特勒根定理和互易定理 ………………………………………… 11

第3章 动态电路 ……………………………………………………… 13

3.5 阶跃函数和阶跃响应 …………………………………………… 13

3.6 正弦激励下一阶电路的响应 …………………………………… 17

第4章 正弦稳态分析 ………………………………………………… 19

4.5 最大功率传输及多频输入 ……………………………………… 19

4.6 耦合电感 ………………………………………………………… 22

第5章 电路的频率响应和谐振现象 ……………………………… 25

5.2 简单谐振电路 …………………………………………………… 25

5.3 实用、复杂并联谐振电路 ……………………………………… 29

期末考试模拟题(二) ………………………………………………… 34

电路基础习题册(第3本)参考答案 ………………………………… 39

第1章　电路的基本规律

1.5　综合计算

一、填空题

1. 电路如图 1.5.1 所示，则图(a)所示电路中的开路电压 $U_{ab}=$ _____，图(b)所示电路中的电压源 $U_S=$ _____。

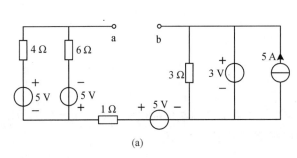
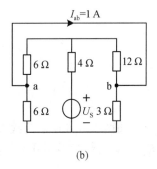

图 1.5.1

2. 电路如图 1.5.2 所示，则电路中的电流 $i=$ _____。

3. 若如图 1.5.3 所示电路中电阻 R 消耗的功率 $P_R=50$ W，则电阻 $R=$ _____。

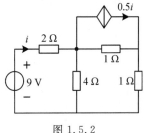

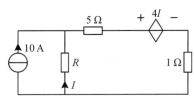

图 1.5.2　　　　　　　　　图 1.5.3

4. 若如图 1.5.4 所示电路中 $U=3$ V，则电阻 $R=$ _____。

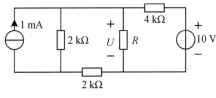

图 1.5.4

二、在如图 1.5.5 所示的电路中,端子 a 处开路。以地为参考点,当调变电阻 R_2($R_2 = 2R_1$)的活动点时,求 a 点电位 U_a 的变化范围。

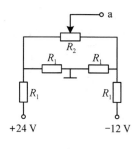

图 1.5.5

三、如图 1.5.6 所示为线性时不变二端电路,已知端口的伏安关系为 $u = R_0 i + U_0$,式中,$R_0 = 800\ \Omega$,$U_0 = 700\ \mathrm{V}$。求图中电阻 R 与电流 i_S 的值。

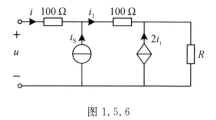

图 1.5.6

四、电路如图 1.5.7 所示,试求:

(1) 开关 S 打开时的电压 u;

(2) 开关 S 闭合时的电流 i。

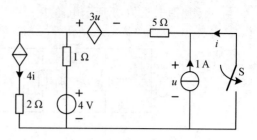

图 1.5.7

五、将如图 1.5.8 所示各电路对 ab 端化为最简的等效电压源形式或等效电流源形式。

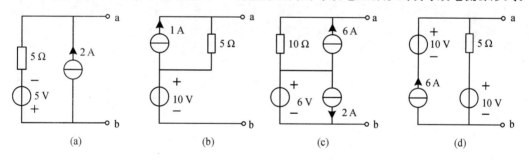

图 1.5.8

六、如图 1.5.9(a) 所示电路中 $I_1 = 1$ A,图 1.5.9(b) 所示电路中 $I_1' = 6$ A,求电阻 R。

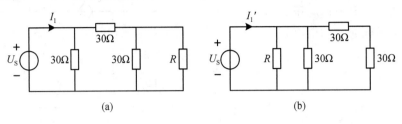

图 1.5.9

七、电路如图 1.5.10 所示，已知 $i_1 = 1$ A，求电压源 u_S 产生的功率 P_S。

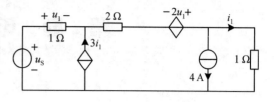

图 1.5.10

八、电路如图 1.5.11 所示，已知网络 N 吸收的功率 $P_N = 2$ W，求电流 i。

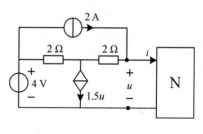

图 1.5.11

第2章 电阻电路分析

2.1 支 路 法

一、填空题

有向拓扑图如图 2.1.1 所示,则图中共有_____个基本割集,_____个基本回路。若选{2,3,5,6}为树,则基本割集为_____,基本回路为_____。

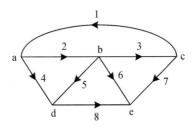

图 2.1.1

二、电路如图 2.1.2 所示,试用支路电流法求图中的 i_1、i_2、i_3。

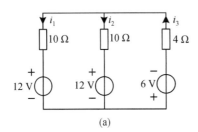

(a)

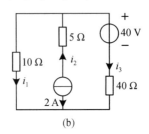

(b)

图 2.1.2

三、电路如图 2.1.3 所示，已知 $R_1=R_2=R_3=R_4=2\ \Omega$，求电流 i。

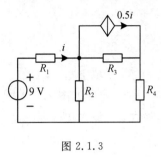

图 2.1.3

四、电路如图 2.1.4 所示，求图中受控源产生的功率 P。

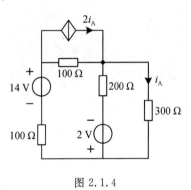

图 2.1.4

2.6 最大功率传输

一、填空题

1. 电路如图 2.6.1 所示，若 R_L 可以任意调节，则 $R_L=$ ＿＿＿＿＿＿时其获得的功率最大，此最大功率 $P_{Lmax}=$ ＿＿＿＿＿＿。

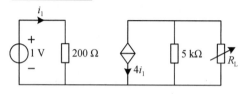

图 2.6.1

2. 电路如图 2.6.2 所示，当 R_L 可以在 $0\sim\infty$ 之间变化时，它可能获得的最大功率为 ＿＿＿＿＿＿。

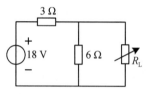

图 2.6.2

3. 电路如图 2.6.3 所示，若 R_L 可以任意改变，则 $R_L=$ ＿＿＿＿＿＿时其获得的功率最大，此最大功率 $P_{Lmax}=$ ＿＿＿＿＿＿。

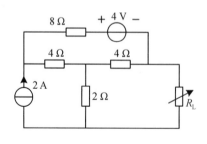

图 2.6.3

4. 电路如图 2.6.4 所示，若 R_L 可以任意改变，则 $R_L=$ ＿＿＿＿＿＿时其获得的功率最大，此最大功率 $P_{Lmax}=$ ＿＿＿＿＿＿。

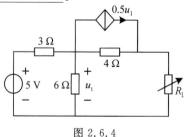

图 2.6.4

二、电路如图 2.6.5 所示，N 为线性有源电阻电路，当 $R_L = 9\ \Omega$ 时其获得最大功率，且最大功率 $P_{Lmax} = 1\ \text{W}$，求 N 的戴维南等效电路。

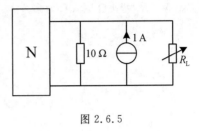

图 2.6.5

三、电路如图 2.6.6 所示，R_L 可任意改变，则 R_L 等于多少时其可获得最大功率？并求出该最大功率 P_{Lmax}。

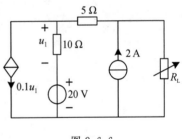

图 2.6.6

四、如图 2.6.7 所示电路中 N 为线性无源网络，a-a′端接有电压源 U_s，b-b′端接有电阻 R。已知当 $U_s = 8$ V，$R = 3$ Ω 时，$I = 0.5$ A；当 $U_s = 18$ V，$R = 4$ Ω 时，$I = 1$ A。当 $U_s = 30$ V，$R = 10$ Ω 时，I 为多少？

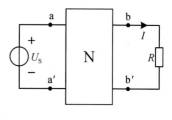

图 2.6.7

2.7　特勒根定理和互易定理

一、如图 2.7.1 所示电路中的 N_R 仅由线性电阻组成，当 1-1′端接 20 V 电压源 u_{S1} 时（如图(a)所示），测得 $i_1 = 5$ A，$i_2 = 5$ A。当 1-1′端接 2 Ω 电阻，2-2′端 30 V 电压源 u_{S2} 时（如图(b)所示），求电流 i_R。

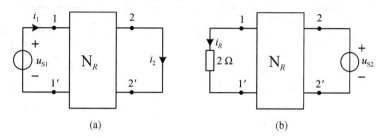

图 2.7.1

二、如图 2.7.2 所示电路中的 N_R 仅由线性电阻组成。已知当 $R_2 = 2$ Ω，$u_{S1} = 6$ V 时，$i_1 = 2$ A，$u_2 = 2$ V；当 $R_2 = 4$ Ω，$u_{S1} = 10$ V 时，$i_1 = 3$ A，求这时的 u_2。

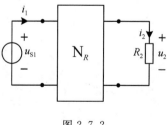

图 2.7.2

三、如图 2.7.3 所示电路中的 N_R 仅由线性电阻组成。当 1-1′ 端接 10 Ω 电阻与 10 V 电压源 u_{S1} 的串联组合时(如图(a)所示),测得 $u_2 = 2$ V。当电路接成如图(b)所示形式时,求电压 u_1。

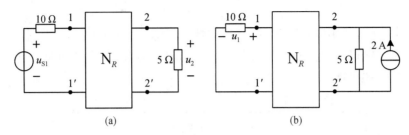

图 2.7.3

四、电路如图 2.7.4 所示,已知当 10 V 电压源单独作用时,$I = 2$ A,$U = 2$ V。求 10 A 电流源和 10 V 电压源共同作用时的电流 I。

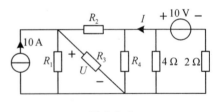

图 2.7.4

第3章 动 态 电 路

3.5　阶跃函数和阶跃响应

一、已知 i 和 u 的波形分别如图 3.5.1(a) 和 (b) 所示，试用阶跃函数写出 i 和 u 的表达式。

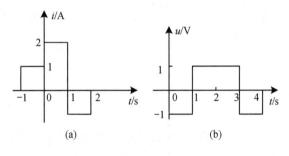

图 3.5.1

二、电路如图 3.5.2 所示，求以 $i(t)$ 和 $i_L(t)$ 为响应时的单位阶跃响应。

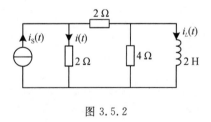

图 3.5.2

三、电路如图 3.5.3 所示，求以 $u(t)$ 和 $i_C(t)$ 为响应时的单位阶跃响应。

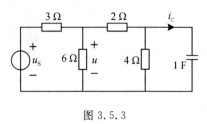

图 3.5.3

四、如图 3.5.4(a)所示电路，以电压源 u_S 作为激励，以电流 i 作为响应，试求：

(1) 单位阶跃响应 $g(t)$；

(2) 电路在图 3.5.4(b) 所示延时脉冲激励下的零状态响应 $i(t)$。

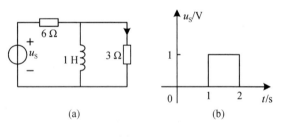

(a)   (b)

图 3.5.4

五、电路如图 3.5.5 所示，$t=0$ 时开关 S 闭合。已知 $i_L(0_-)=0$，$u_C(0_-)=2$ V，求 $t \geqslant 0$ 时电路的零输入响应 $i_L(t)$ 和 $u_C(t)$。

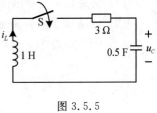

图 3.5.5

六、如图 3.5.6 所示电路已处于稳态，$t=0$ 时开关 S 由 1 切换至 2。已知 $L=50$ mH，$C=100$ μF，$U_s=1$ kV，求：

(1) 换路后，电容电压过阻尼时的 R；

(2) 电路处于临界阻尼时的最大电流值 i_{max}；

(3) $R=10$ Ω 时，电路的振荡角频率 ω_d 和衰减常数 α。

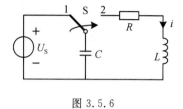

图 3.5.6

3.6　正弦激励下一阶电路的响应

一、电路如图 3.6.1 所示，$t=0$ 时开关 S 闭合。已知 $u_S(t)=10\cos(2t)$ (V)，电路无初始储能，求 $t\geqslant0$ 时的电压 $u_C(t)$。

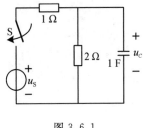

图 3.6.1

二、在如图 3.6.2 所示电路中，N_R 内仅含线性时不变电阻，电容的初始电压 $u_C(0)$ 一定。已知当 $i_S(t) = \varepsilon(t)$（A），$u_S(t) = 2\cos t\, \varepsilon(t)$（V）时，全响应为

$$u_C(t) = [1 - 3e^{-t} + \sqrt{2}\cos(t - 45°)]\text{(V)}, \quad t \geq 0$$

(1) 求在 $u_C(0)$ 不变的条件下，$u_S(t) = 0$ 时的 $u_C(t)$；

(2) 求在 $u_C(0)$ 不变的条件下，$i_S(t) = 4\varepsilon(t)$（A），$u_S(t) = 4\cos(t)\varepsilon(t)$（V）时的 $u_C(t)$。

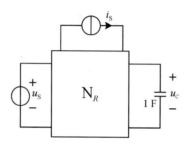

图 3.6.2

第 4 章　正弦稳态分析

4.5　最大功率传输及多频输入

一、填空题

1. 电路如图 4.5.1 所示，负载 Z_L 可以任意改变，则 $Z_L=$ ＿＿＿＿＿＿＿＿＿时其可获得最大功率，且最大功率 $P_{Lmax}=$ ＿＿＿＿＿＿＿＿。

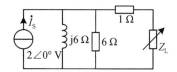

图 4.5.1

2. 电路如图 4.5.2 所示，已知 $u_S(t)=3\cos t$（V），$i_S(t)=3\cos t$（A），则负载 $Z_L=$ ＿＿＿＿＿＿＿＿＿时其可获得最大功率，且最大功率 $P_{Lmax}=$ ＿＿＿＿＿＿＿＿。

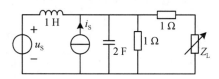

图 4.5.2

3. 电路如图 4.5.3 所示，已知 $R=10\ \Omega$，求下列情况下 R 吸收的功率 P。

（1）$u_{S1}(t)=10\cos 100t$（V），$u_{S2}(t)=20\cos(100t+30°)$（V），$P=$ ＿＿＿＿＿＿＿＿；

（2）$u_{S1}(t)=20\cos(t+25°)$（V），$u_{S2}(t)=30\sin(5t-50°)$（V），$P=$ ＿＿＿＿＿＿＿＿。

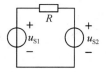

图 4.5.3

二、如图 4.5.4 所示电路 N 的端口电压 $u(t)=100+100\cos(\omega t)+30\cos(3\omega t)$（V），电流 $i(t)=50\cos(\omega t-45°)+10\sin(3\omega t-60°)+20\cos(5\omega t)$（A），求电路 N 吸收的平均功率 P。

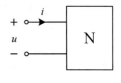

图 4.5.4

三、电路如图 4.5.5 所示，已知 $\dot{U}_\mathrm{s}=6\angle0°$ V，负载 Z_L 为多大时其可获得最大功率? 求出最大功率 P_Lmax。

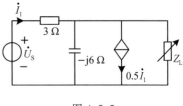

图 4.5.5

四、功率为 40 W、功率因数为 0.5 的日光灯(为感性负载)与功率为 60 W 的白炽灯(为纯阻性负载)各 100 只,并联接于 220 V、50 Hz 的正弦交流电源上。

(1) 求电路的功率因数;

(2) 如果把电路的功率因数提高到 0.9,则应并联多大的电容?

4.6 耦合电感

一、填空题

1. 图 4.6.1 所示耦合线圈的同名端是_____。

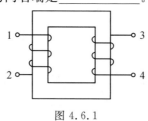

图 4.6.1

2. 在如图 4.6.2 所示电路中,当开关 S 突然断开时,电压表指针呈现正向偏转,则该耦合电感的异名端是_____。

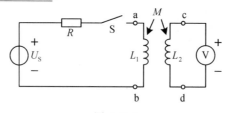

图 4.6.2

3. 写出如图 4.6.3 所示耦合电感的伏安关系方程,图(a):_____,图(b):_____,图(c):_____。

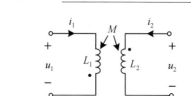 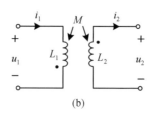 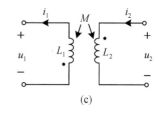

图 4.6.3

4. 写出如图 4.6.4 所示电路 a、b 端的等效电感 L_{ab},图(a):$L_{ab}=$_____,图(b):$L_{ab}=$_____,图(c):$L_{ab}=$_____。

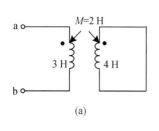 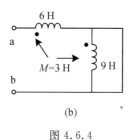 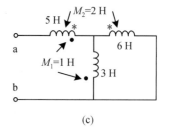

图 4.6.4

二、电路如图 4.6.5 所示，已知 $L_1=5$ H，$L_2=3$ H，$M=2$ H，电流源电流 $i_S(t)=2+$ e^{-2t}(A)，$t>0$。试求 $t>0$ 时的电压 $u_{ac}(t)$、$u_{ab}(t)$ 和 $u_{bc}(t)$。

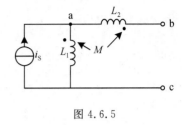

图 4.6.5

三、电路如图 4.6.6 所示，已知 $u_S(t)=e^{-t}$(V)，$t>0$，且 $i_1(0)=i_2(0)=0$。求 $t>0$ 时的电流 $i_1(t)$ 和 $i_2(t)$。

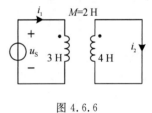

图 4.6.6

四、电路如图 4.6.7 所示,已知 $u_2(t) = e^{-t}$ (V),$t > 0$,且 $i_1(0) = 0$,求 $t > 0$ 时的 $u_1(t)$ 和 $i_1(t)$。

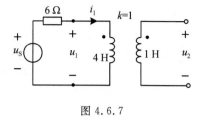

图 4.6.7

第 5 章　电路的频率响应和谐振现象

5.2　简单谐振电路

一、一 rLC 串联谐振电路，已知 $r=10\ \Omega$，$L=64\ \mu H$，$C=100\ pF$，外加电压源有效值 $U=1\ V$，求电路的谐振频率 f_0、品质因数 Q、带宽 BW，以及谐振时的回路电流 I_0 和电抗元件上的电压 U_{L0}、U_{C0}。

二、一 rLC 串联谐振电路的谐振频率为 1000 Hz，其通带为 950～1050 Hz，已知 $L=200$ mH，求 r、C、Q 的值。

三、在如图 5.2.1 所示电路中，已知 $C_1=0.125$ μF，$u(t)=U_{m1}\cos(10^3t+\varphi_1)+U_{m3}\cos(3\times10^3t+\varphi_3)$（V），欲使响应 $u_o(t)=U_{m1}\cos(10^3t+\varphi_1)$（V），求 L 和 C_2。

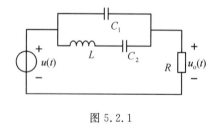

图 5.2.1

四、如图 5.2.2 所示电路是应用串联谐振原理测量线圈电阻 r 和电感 L 的电路。已知 $R=10\ \Omega$，$C=0.1\ \mu F$，保持外加电压有效值 $U=1\ V$ 不变，改变频率 f，同时用电压表（视为理想电压表）测量电阻 R 的电压有效值 U_R，当 $f=800\ Hz$ 时，U_R 的最大值为 $0.8\ V$，试求 r 和 L。

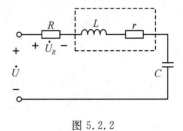

图 5.2.2

五、一 rLC 串联谐振电路,电源电压有效值 $U=1$ V 且保持不变。当调节电源频率使电路达到谐振时,谐振频率 $f_0=100$ kHz,这时回路电流 $I=100$ mA,当电源频率改变为 $f_1=99$ kHz 时,回路电流 $I=7.07$ mA。求回路的品质因数 Q 及元件参数 r、L、C 的值。

5.3　实用、复杂并联谐振电路

一、填空题

1. 在如图 5.3.1 所示电路中，$M = 50\ \mu\mathrm{H}$，则该电路的并联谐振角频率为_____。

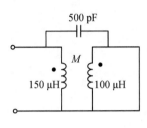

图 5.3.1

2. 电路如图 5.3.2 所示，$L = 125\ \mu\mathrm{H}$，$r = 10\ \Omega$，$C = 80\ \mathrm{pF}$，则该电路的并联谐振频率 $f_0 =$_____，品质因数 $Q =$_____，带宽 BW $=$_____，谐振时的端口阻抗 $Z_0 =$_____。

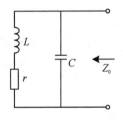

图 5.3.2

二、正弦稳态电路如图 5.3.3 所示，其中 $u_{\mathrm{S}}(t) = 4 + 6\cos(10^3 t) + 2\cos(2 \times 10^3 t)$ (V)，求输出电压 $u_{\mathrm{o}}(t)$。

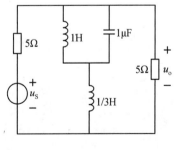

图 5.3.3

三、如图 5.3.4 所示电路为并联谐振电路。

（1）已知 $L=200\ \mu H$，$C=200\ pF$，$r=10\ \Omega$，求谐振频率 f_0、谐振阻抗 Z_0、品质因数 Q 及带宽 BW；

（2）若谐振频率 $f_0=1\ MHz$，已知线圈的电感 $L=200\ \mu H$，$Q=50$，求电容 C 和带宽 BW；

（3）为使（2）中带宽扩展为 BW$=50\ kHz$，需要在回路两端并联一电阻 R，求此电阻 R 的值。

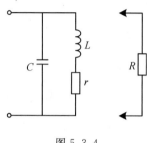

图 5.3.4

四、图 5.3.5 所示为 RLC 并联电路。

(1) 已知 $L=10$ mH，$C=10^4$ pF，$R=10$ kΩ，求谐振角频率 ω_0、品质因数 Q 及带宽 BW；

(2) 如果要设计一谐振频率 $f_0=1$ MHz、带宽 BW$=20$ kHz 的谐振电路，已知 $R=10$ kΩ，求 L、C 的值。

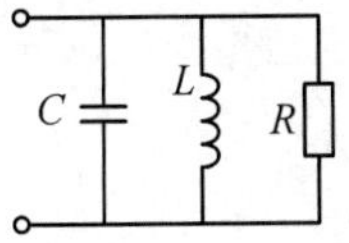

图 5.3.5

五、如图 5.3.6 所示为谐振电路，已知 $L=100\ \mu H$，$C=100\ pF$，$r=25\ \Omega$，电源电流 $I_s=1\ mA$，电源内阻 $R_s=40\ k\Omega$。

(1) 求开关 S 打开时并联谐振电路的空载 Q 值和谐振阻抗 Z；

(2) 当开关 S 闭合后，电路对电源频率谐振，求电路的有载 Q_L 值、流过各元件的电流及回路两端的电压 U。

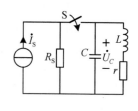

图 5.3.6

六、某晶体管收音机的中频变压器电路如图 5.3.7 所示，已知其谐振频率 $f_0 = 465\ \text{kHz}$，回路自身的品质因数 $Q = 100$，初级线圈共有 $N = 160$ 匝，其中 $N_1 = 40$ 匝，次级线圈有 $N_2 = 10$ 匝，$C = 200\ \text{pF}$；电源内阻 $R_s = 16\ \text{k}\Omega$，负载电阻 $R_L = 1\ \text{k}\Omega$，求电感 L 和回路的有载品质因数 Q_L。

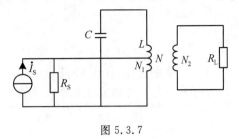

图 5.3.7

期末考试模拟题(二)

一、单项选择题(共10小题,每小题3分,共30分。在每小题的四个备选答案中选出一个正确答案,并将其字母写在表格对应序号的下面。)

1	2	3	4	5	6	7	8	9	10

1. 题1图所示电路由A和B两个元件构成,已知电流$I=1$ A,电压$U=-6$ V,则(　　)。

A. A吸收功率,B发出功率　　　　　B. A发出功率,B吸收功率

C. A发出功率,B发出功率　　　　　D. A吸收功率,B吸收功率

2. 电路如题2图所示,则电压U等于(　　)。

A. 2V　　　　　B. -2 V　　　　　C. 4V　　　　　D. -4 V

3. 电路如题3图所示,则电流I等于(　　)。

A. 2 A　　　　　B. 4 A　　　　　C. 6 A　　　　　D. 8 A

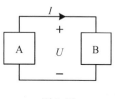
题1图

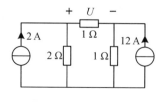
题2图

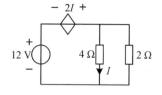
题3图

4. 对于具有b条支路和n个节点的连通电路来说,可以列出线性无关的KCL方程的最大数目是(　　)。

A. $b-1$　　　　B. $b-n+1$　　　　C. $n-1$　　　　D. $b-n-1$

5. 正弦稳态电路如题5图所示,已知$i_S(t)=10\cos t$(A),则电流$i_R(t)$的有效值I_R为(　　)。

A. $\sqrt{10}$ A　　　　B. $\sqrt{5}$ A　　　　C. 1 A　　　　D. $3\sqrt{5}$ A

6. 题6图所示为含理想变压器的电路,已知$\dot{I}_S=4\angle 0°$ A,则有效值I等于(　　)。

A. 0.5 A　　　　B. 1 A　　　　C. 2 A　　　　D. 8 A

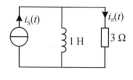
题5图

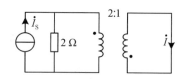
题6图

7. 如题 7 图所示为互感电路,已知 $i_{S1}(t)=e^t$(A), $i_{S2}(t)=2e^t$(A),则电压 $u(t)$ 等于( )。

A. $4e^t$(V)   B. $5e^t$(V)   C. $6e^t$(V)   D. $8e^t$(V)

8. 已知如题 8 图所示二端口网络 N 的 Y 参数矩阵为 $\boldsymbol{Y}=\begin{bmatrix} j0.5 & j0.5 \\ j0.5 & j0.5 \end{bmatrix}$ S, $U_S=10$ V, $R_L=4$ Ω,则负载 R_L 吸收的功率 P_L 为

A. 4 W   B. 8 W   C. 12 W   D. 20 W

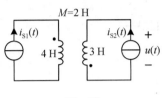

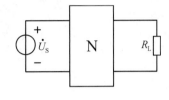

题 7 图   题 8 图

9. 题 9 图所示电路已处于稳态, $t=0$ 时开关 S 打开,则 $i(0_+)$ 等于( )。

A. -1 A   B. -2 A   C. 1 A   D. 2 A

10. 谐振电路如题 10 图所示,已知 $U_S=100$ mV,则谐振时电压 U_C 等于( )。

A. 2 V   B. 4 V   C. 6 V   D. 8 V

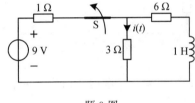

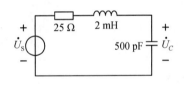

题 9 图   题 10 图

二、填空题(共 5 小题,每小题 4 分,共 20 分)

11. 在如题 11 图所示电路中,两个串联电容在 $t=0$ 时连接到一个黑盒子的两端。已知 $t \geqslant 0$ 时的电流 $i(t)=20e^{-t}$(A),并且 $u_1(0)=4$ V, $u_2(0)=6$ V,则 $t \geqslant 0$ 时的电压 $u(t)=$ _____ ,存储在串联电容中的初始能量为_____。

12. 电路如题 12 图所示,若 $\dot{U}_S=5\angle 0°$ V,则两电阻吸收的总功率 P 为_____。

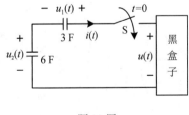

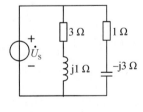

题 11 图   题 12 图

13. 正弦稳态电路如题 13 图所示,已知各电流的有效值分别为 $I=10$ A, $I_L=8$ A, $I_C=2$ A,则 $I_R=$ _____。

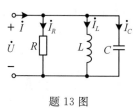

题 13 图

14. 在如题14图所示电路中，设节点 a、b、c 的电位分别为 U_a、U_b、U_c，则节点 a 的节点电位方程为 _____。

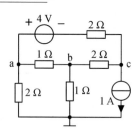

题 14 图

15. 如题15图所示为二端口电路，则其 Z 参数矩阵为 _____。

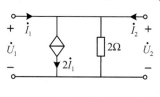

题 15 图

三、计算题(共5小题，共50分。请将简明解题步骤写在题后空白处，并注明题号，只有答案得0分，非通用符号注明含义。)

16.（12分）调节如题16图所示电路中的可变电阻 R，使 $I=1$ A，求电阻 R 的值。

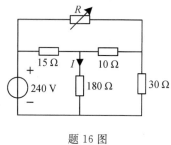

题 16 图

17. (12 分)如题 17 图所示电路已处于稳态，$t=0$ 时开关 S 由 1 接至 2。

(1) 求 $t \geqslant 0$ 时的电容电压 $u_C(t)$；

(2) 开关 S 在位置 2 后多长时间电容电压等于零？

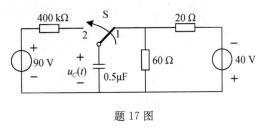

题 17 图

18. (10 分)电路如题 18 图所示，电阻 R_L 可变，R_L 为多大时其可获得最大功率？此时最大功率 P_{Lmax} 为多少？

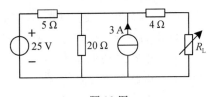

题 18 图

19. (8 分)在如题 19 图所示电路中,已知当电阻 $R = 2\ \Omega$ 时, $I = 4$ A, $I_2 = 3$ A,则当电阻 $R = 5\ \Omega$ 时, $I = ?\ I_2 = ?$

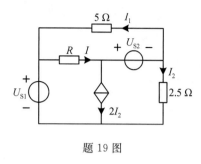

题 19 图

20. (8 分)在如题 20 图所示的正弦稳态电路中,已知 $U = 200$ V, $I = 1$ A,电路吸收的平均功率为 $P = 120$ W,且 $X_L = 250\ \Omega$, $X_C = 150\ \Omega$,整个电路呈电感性,求:

(1) 电路的功率因数 $\cos\theta$;

(2) 电路的等效阻抗 Z_{ab};

(3) 电路中的阻抗 Z_1。

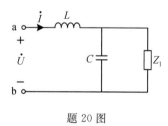

题 20 图

电路基础习题册(第3本)参考答案

第1章　电路的基本规律

1.5　综合计算

一、1. 3 V，30 V。

　　2. 3 A。

　　3. 2 Ω 或 50 Ω。

　　4. 2 kΩ。

二、$-3 \sim 9$ V。

三、$R = 200$ Ω，$i_S = 1$ A。

四、(1) 2.5 V；(2) -5 A。

五、对于图(a)：5 V，5 Ω；1 A，5 Ω；对于图(b)：5 V，5 Ω；1 A，5 Ω；

　　对于图(c)：66 V，10 Ω；6.6 A，10 Ω；对于图(d)：40 V，5 Ω；8 A，5 Ω。

六、$R = 3$ Ω。

七、$P_S = 18$ W。

八、$i = 1$ A 或 $i = 2$ A。

第2章　电阻电路分析

2.1　支路法

一、4，4，$\{(1,2,4)\ (1,3,7)\ (6,7,8)\ (4,5,8)\}$，$\{(1,2,3)\ (2,4,5)\ (3,6,7)$ $(5,6,8)\}$。

二、对于图(a)，$i_1 = i_2 = -1$ A，$i_3 = -2$ A；对于图(b)，$i_1 = -0.8$ A，$i_2 = -2$ A，$i_3 = -1.2$ A。

三、3 A。

四、$P = -0.08$ W。

2.6 最大功率传输

一、1. 5 kΩ，0.5 W。

2. 18 W。

3. 5 Ω，1.25 W。

4. 10 Ω，2.5 W。

二、$R_0 = 90$ Ω，$U_{OC} = -30$ V 或 -150 V。

三、$R_L = 10$ Ω，$P_{Lmax} = 40$ W。

四、$I = 1$ A。

2.7 特勒根定理和互易定理

一、5 A。

二、4 V。

三、4 V。

四、$I = -1$ A。

第3章 动态电路

3.5 阶跃函数和阶跃响应

一、$i(t) = \varepsilon(t+1) + \varepsilon(t) - 3\varepsilon(t-1) + \varepsilon(t-2)$ (A)，$u(t) = -\varepsilon(t) + 2\varepsilon(t-1) - 2\varepsilon(t-3) + \varepsilon(t-4)$ (V)。

二、$g_i(t) = 0.25(2 + e^{-t})\varepsilon(t)$ (A)，$g_{iL}(t) = 0.5(1 - e^{-t})\varepsilon(t)$ (A)。

三、$g_u(t) = (1/6)(3 - e^{-0.5t})\varepsilon(t)$ (V)，$g_{iC}(t) = (1/6)e^{-0.5t}\varepsilon(t)$ (A)。

四、(1) $g(t) = (1/9)e^{-2t}\varepsilon(t)$ (A)；

(2) $i(t) = (1/9)[e^{-2(t-1)}\varepsilon(t-1) - e^{-2(t-2)}\varepsilon(t-2)]$ (A)。

五、$i_L(t) = 2(e^{-t} - e^{-2t})\varepsilon(t)$ (A) $t \geqslant 0$，$u_C(t) = (4e^{-t} - 2e^{-2t})\varepsilon(t)$ (V) $t \geqslant 0$。

六、(1) $R > 44.7$ Ω；

(2) $i_{max} = 16.45$ A；

(3) $\omega_d = 435.7$ rad/s，$\alpha = 100$ s^{-1}。

3.6 正弦激励下一阶电路的响应

一、$u_C(t) = -2.4 e^{-1.5t} + 4\cos(2t - 53.1°)$ (V) $t \geqslant 0$。

二、(1) $u_C(t) = (1 - 2e^{-t})$ (V)；

(2) $u_C(t) = [4 - 7e^{-t} + 2\sqrt{2}\cos(t - 45°)]$ (V)。

第 4 章 正弦稳态分析

4.5 最大功率传输及多频输入

一、1. $4-j3\ \Omega$，4.5 W。

 2. $1.5+j0.5\ \Omega$，0.75 W。

 3.（1）7.68 W；（2）65 W。

二、$P=1639$ W。

三、$Z_L=3+j3\ \Omega$，$P_{Lmax}=1.5$ W。

四、（1）$\cos\theta=0.822$；（2）$C=137.1\ \mu$F。

4.6 耦合电感

一、1. 1、4 或 2、3。

 2. a、d 或 b、c。

 3. $\begin{cases}u_1=L_1\dfrac{\mathrm{d}i_1}{\mathrm{d}t}-M\dfrac{\mathrm{d}i_2}{\mathrm{d}t}\\[2mm] u_2=L_2\dfrac{\mathrm{d}i_2}{\mathrm{d}t}-M\dfrac{\mathrm{d}i_1}{\mathrm{d}t}\end{cases},\ \begin{cases}u_1=L_1\dfrac{\mathrm{d}i_1}{\mathrm{d}t}+M\dfrac{\mathrm{d}i_2}{\mathrm{d}t}\\[2mm] u_2=-L_2\dfrac{\mathrm{d}i_2}{\mathrm{d}t}-M\dfrac{\mathrm{d}i_1}{\mathrm{d}t}\end{cases},\ \begin{cases}u_1=-L_1\dfrac{\mathrm{d}i_1}{\mathrm{d}t}-M\dfrac{\mathrm{d}i_2}{\mathrm{d}t}\\[2mm] u_2=L_2\dfrac{\mathrm{d}i_2}{\mathrm{d}t}+M\dfrac{\mathrm{d}i_1}{\mathrm{d}t}\end{cases}$。

 4. 2 H，5 H，6 H。

二、$u_{ac}(t)=-10\ \mathrm{e}^{-2t}$ (V) $t>0$，$u_{ab}(t)=4\ \mathrm{e}^{-2t}$ (V) $t>0$，$u_{bc}(t)=-14\ \mathrm{e}^{-2t}$ (V) $t>0$。

三、$i_1(t)=0.5(1-\mathrm{e}^{-t})$ (A) $t>0$，$i_2(t)=0.25(1-\mathrm{e}^{-t})$ (A) $t>0$。

四、$u_1(t)=2\ \mathrm{e}^{-t}$ (V) $t>0$，$i_1(t)=0.5\ (1-\mathrm{e}^{-t})$ (A) $t>0$。

第 5 章 电路的频率响应和谐振现象

5.2 简单谐振电路

一、$f_0=2\times10^6$ Hz，$Q=80$，$\mathrm{BW}=25\times10^3$ Hz，$I_0=0.1$ A，$U_{L0}=U_{C0}=QU_S=80$ V。

二、$r=125.7\ \Omega$，$C=0.126\ \mu$F，$Q=10$。

三、$L=1$ H，$C_2=1\ \mu$F。

四、$r=2.5\ \Omega$，$L=0.396$ H。

五、$Q=50$，$r=10\ \Omega$，$L=796\ \mu$F，$C=3180$ pF。

5.3 实用、复杂并联谐振电路

一、1. 4×10^6 rad/s。

2. 1.59 MHz，125，12.72 kHz，156 kΩ。

二、$u_o(t) = 3\cos(10^3 t)$ （V）。

三、(1) $f_0 = 796$ kHz，$Z_0 = 100$ kΩ，$Q = 100$，BW $= 7.96$ kHz；

(2) $C = 126.7$ μF ，BW $= 20$ kHz；

(3) $R = 41.9$ kΩ。

四、(1) $\omega_0 = 10^5$ rad/s，$Q = 10$，BW $= 10^4$ rad/s；

(2) $L = 31.8$ μH，$C = 796$ pF。

五、(1) $Q = 40$，$Z = 40$ kΩ；

(2) $Q_L = 20$，$I_R = 0.5$ mA，$I_C = I_L = 20$ mA，$U = 20$ V。

六、$L = 586$ μH，$Q_L = 42.8$。

期末考试模拟题（二）

一、1. A 2. B 3. C 4. C 5. B 6. D 7. A 8. D 9. A 10. D。

二、11. $10e^{-t}$（V），132 J。

12. 10 W。

13. 8 A。

14. $2U_a - U_b - 0.5 U_c = 2$。

15. $\begin{bmatrix} -2 & 2 \\ -2 & 2 \end{bmatrix}$ Ω。

三、16. $R = 45$ Ω。

17. (1) $u_C(t) = 90 - 120e^{-5t}$ （V） $t \geqslant 0$；

(2) $t = \dfrac{1}{5}\ln\left(\dfrac{4}{3}\right) = 57.54$ ms。

18. $R_L = 8$ Ω，$P_{Lmax} = 32$ W。

19. $I = 2$ A，$I_2 = \dfrac{11}{5}$ A。

20. (1) $\cos\theta = \dfrac{3}{5}$；

(2) $Z_{ab} = 120 + j160$ Ω；

(3) $Z_1 = 150 + j75$ Ω。